Bibliothèque Tangente
L'aventure mathématique

Les Fractales

Tangente Hors-série n° 18

POLE

I.S.B.N. 2-84884-014-5 I.S.S.N. 0987-0806 Commission paritaire 1006 K 80883

Les **Fractales**

Sommaire

(suite au verso)

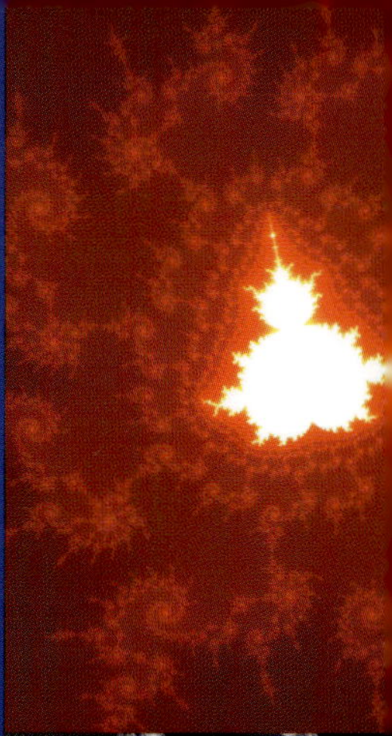

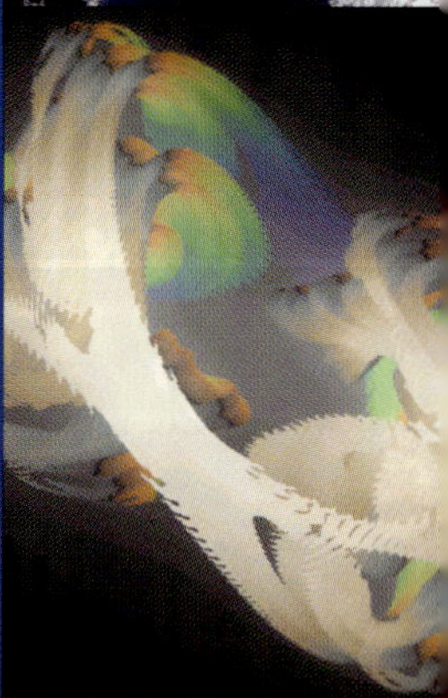

DOSSIER : UN FRACTAL, UNE FRACTALE

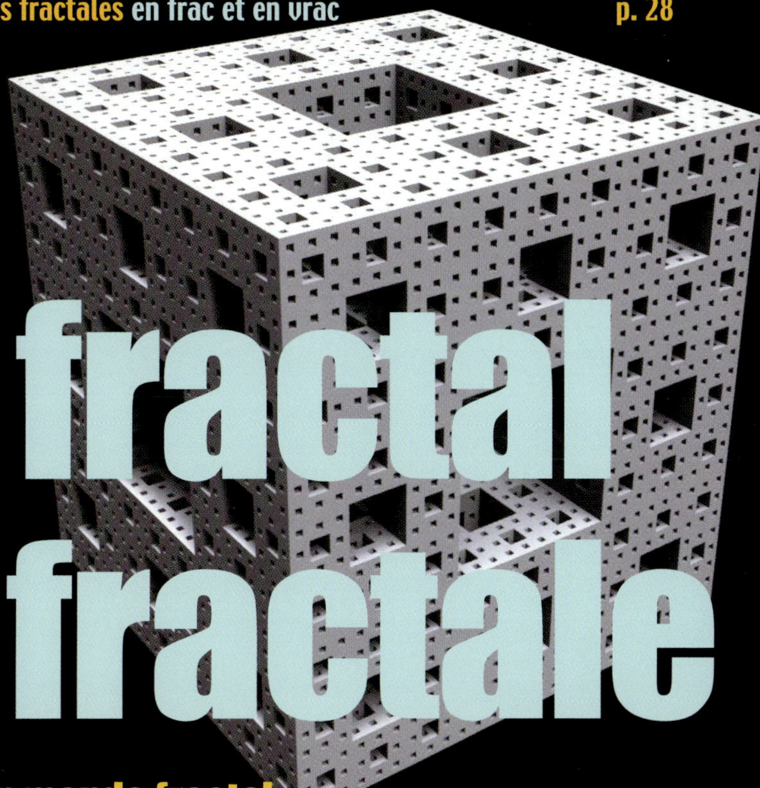

Un fractal
Une fractale

Doit-on dire *une fractale* ou *un fractal* ? Benoît Mandelbrot, qui a forgé ce mot, a choisi le masculin, mais l'usage semble plébisciter le féminin. Nous emploierons indifféremment l'un ou l'autre dans ce numéro.

Un monde fractal

Il y a le monde d'Anaximène, de Platon, d'Euclide et de Newton où la droite, le cercle, les courbes différentiables, les symétries et les lois fondamentales réductionnistes ordonnent l'univers.

Il y a le monde de Poincaré, de Peano, de Julia, de Fatou, de Barnsley et de Mandelbrot où les courbes sans tangentes, les attracteurs étranges et les fractales sondent la complexité du chaos et proposent une vision holistique de la nature.

L'ordre simple et la régularité sont-ils l'exception ? La complexité et la géométrie fractale sont-elles la règle dominante ? Les solides de Platon doivent-ils battre en retraite devant l'ensemble de Mandelbrot ?

F. C.

Une idée qui a fait son chemin : les fractales

Curiosité géométrique depuis fort longtemps, théorie mathématique à part entière depuis peu, la science des fractales est aujourd'hui un outil précieux pour analyser divers phénomènes naturels ou géométriques.

Trois siècles avant J.-C. déjà, Apollonius de Perge, disciple d'Archimède, avait quelque peu mystifié ses contemporains avec sa « baderne », triangle curviligne bourré de cercles de plus en plus petits tendant à remplir l'espace. L'aire restante est-elle vraiment réduite à rien ? Voilà la question qui intriguait les géomètres de l'époque, médusés devant ce premier objet fractal, forme géométrique où, comme le dira plus tard Benoît Mandelbrot, « chaque partie est une image réduite du tout ».

Malgré le caractère visionnaire de travaux précurseurs, les fractals devront attendre l'informatique pour émerger.

La baderne d'Apollonius

Vers 1500, le graveur géomètre de la Renaissance Albrecht Dürer invente un autre objet fractal fait de pentagones emboîtés, puis, vers la fin du XIXe siècle vient Cantor, avec sa « poussière », que vous reconstituerez aisément. Vous partez d'un segment, vous lui ôtez le tiers central, puis vous recommencez avec chacun des deux segments restants, et ainsi de suite…

Les six premières étapes de la construction des poussières de Cantor.

Presque simultanément, vers 1890, voici Peano et sa courbe qui se densifie au fur et à mesure de sa construction (voir l'article page 18). Là aussi, la génération est simple : dans un carré, vous commencez par remplacer le tiers central d'une diagonale par 8 segments formant en quelque sorte un huit carré disposé en oblique.

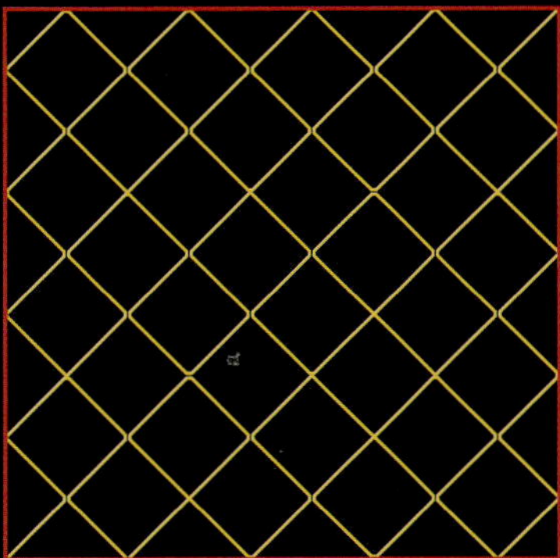

La quatrième étape de la construction de la courbe de Peano

Vous pouvez aussi, avec l'algorithme utilisé par Cantor construire le fameux « flocon de neige », comme le fit Helge von Koch en 1904 : dans un triangle équilatéral vous remplacez le tiers central de chaque côté par un petit triangle construit à l'extérieur, etc…Courbe étrange qui, tenant tout entière dans une surface finie, a pourtant un périmètre infini.

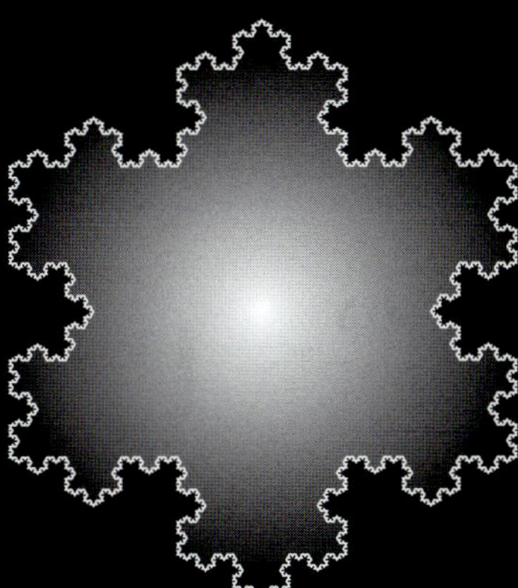

Le flocon de neige de von Koch

Par la suite, des mathématiciens comme Sierpinski (1915) vont créer à l'aide d'algorithmes empiriques des formes

Paysages fractals ou paysages réels ?

fractales diverses en dimensions deux ou trois : « carpette » ou « éponge » de Sierpinski, obtenus en ôtant d'un carré le carré central ou d'un cube le cube central et en itérant l'opération.

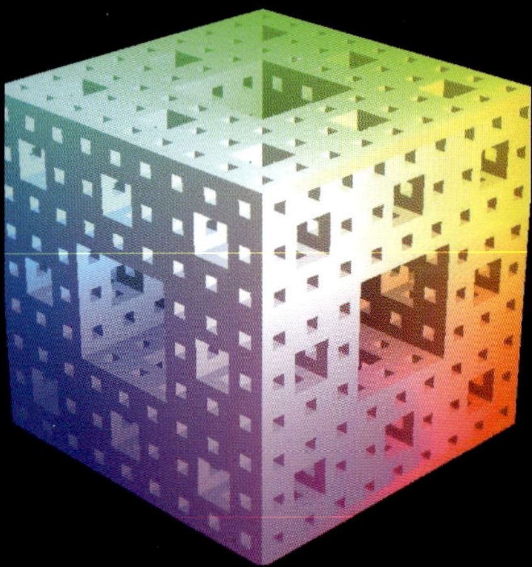

L'éponge de Sierpinski (ou de Menger)

L'acte de naissance véritable des fractales date de 1975, avec la publication du livre de Mandelbrot : « Les objets fractals ».

Se pose alors la question de la dimension de ces objets : la courbe de Peano semble être une ligne, mais elle peut remplir un carré, ce qui fait dire à son concepteur qu'elle a la dimension d'un surface. Cantor le premier sentit l'idée d'unifier la notion de dimension ; c'est Abraham Besicovitch et Harold Ursell qui, sur la base des travaux de Hausdorff, lui donnent forme. Ainsi naît en 1935 la dimension dite « de Hausdorff-Besicovitch » que l'on calcule aisément sur le flocon de neige de von Koch : à chaque itération, on crée à partir de chaque côté quatre côtés identiques avec un facteur de réduction égal à 1/3.
On dit que la dimension de Hausdorff de la figure est ln4/ln3 soit environ 1,26. Il existe donc d'autres façons de calculer les dimensions d'un objet pour obtenir des résultats non entiers, voilà une révolution (voir article page 18) !

Les défricheurs

Des mathématiciens précurseurs se sont mis à fabriquer des objets fractals de nouvelle génération en itérant des polynômes complexes.
Le mathématicien Julia eut l'idée de considérer la fonction qui à z complexe associe $f(z) = z^2 + c$, où c est une constante complexe et de l'itérer une infinité de fois pour tout complexe z. Il construit alors, à partir d'une valeur initiale de z une suite de points définis par leur affixe z_n vérifiant

$$z_{n+1} = z_n^2 + c.$$

Pour certaines valeurs initiales la suite converge, c'est-à-dire que le point limite reste à distance finie : l'ensemble des points de départ est ce qu'on appelle aujourd'hui l'ensemble de Julia rempli.

Un des ensembles de Julia

L'ensemble étudié par Julia en 1918, est la frontière de la zone précédente. Pour de nombreuses autres valeurs au contraire, la suite diverge et les points correspondants s'écartent de plus en plus du point initial. On obtient, pour diverses valeur de la constante c, des formes différentes d'ensembles de Julia. Indépendamment de Julia, le mathématicien Fatou étudia également vers 1919-1920 des itérations de polynômes complexes. Les travaux de Julia font l'objet d'un séminaire à Berlin en 1925 à partir duquel Brauer, Hopft et Reidmeister vont rédiger un essai sur ce thème. On y trouve la première représentation graphique de l'ensemble de Julia. L' absence d'ordinateur ne permettait pas encore de colorier les points comme on le fait aujourd'hui : noir pour les points de départ ne donnant pas lieu à divergence, colorés de façons différentes selon le nombre d'itérations nécessaires pour observer la divergence pour les autres, donnant ces dessins d'auréoles fantastiques pour nous si évocateurs des fractales. Malgré leur aspect visionnaire, les travaux de Julia sont cependant abandonnés et ils devront attendre Mandelbrot et l'informatique pour émerger plus tard. On peut toutefois rendre grâce à ces mathématiciens précurseurs qui ont travaillé sur ces itérations de polynômes complexes : ils ont ouvert la route à la science des fractales.

Mandelbrot-concept

L'ensemble dit « de Mandelbrot » est né. Ce sont les mathématiciens A. Douady et J-H. Hubbard qui vont le baptiser ainsi, et même lui donner le diminutif d'ensemble « M » en 1982, après publication des images de Brooks et Matelski, mais a priori sans lien avec cette parution. Mandelbrot et bien d'autres vont utiliser alors à plein l'informatique et ses derniers perfectionnements avec leur énorme puissance de calcul, pour développer cette théorie, devenue science des fractales. Elle permettra non seulement engendrer des objets complexes, paysages de montagne ou nuages, d'une ressemblance étrange avec ceux que l'on peut trouver dans la nature, mais aussi de décrire d'innombrables phénomènes de fluctuation dans des domaines, scientifiques ou non, très variés.

E. B.

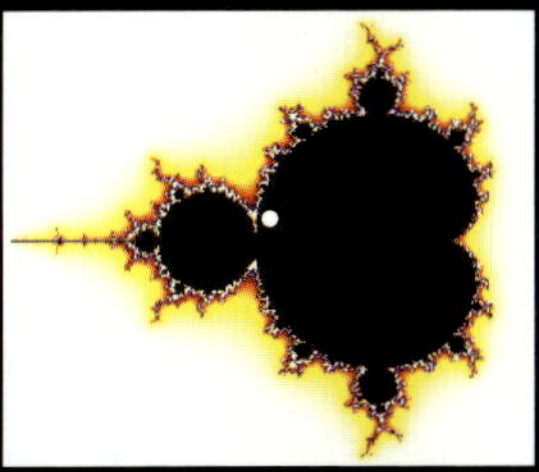

L'ensemble de Mandelbrot et trois de ses régions obtenues par des zooms successifs. (La puce • indique la zone de grossissement).

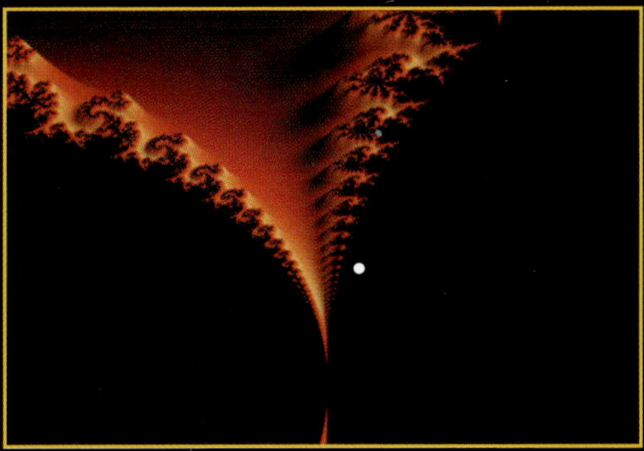

 par André Bellaïche

L'histoire (inachevée) de la définition des fractales

Montrez une courbe à n'importe qui et il sera en mesure d'affirmer : « ceci est une courbe ». Demandez-lui « qu'est-ce qu'une courbe ? » et il vous regardera d'un air paniqué, ou, pire, dira une bêtise. C'est vrai aussi pour les fractales. Comment trouver une définition assez précise pour être significative et assez exhaustive pour refléter toute la complexité de ces objets ?

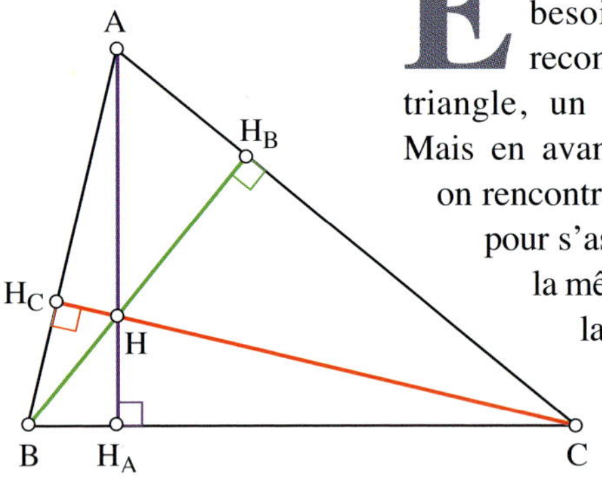

En maternelle, on n'a pas besoin de définition. On reconnaît quand on les voit un triangle, un cercle, un rectangle… Mais en avançant en mathématiques, on rencontre le besoin de définir, pas pour s'assurer qu'on parle tous de la même chose, mais parce que la définition est le point d'attache solide à partir duquel se déroule le raisonnement qui permet de prouver des choses non évidentes : les trois hauteurs d'un triangle sont concourantes, par exemple.

Le goût de la démonstration venant avec la pratique, on démontre aussi des choses évidentes. Euclide prouve ainsi avec la plus grande précision que si un triangle est enfermé dans un autre, le périmètre du premier triangle est inférieur à celui du second, ce qui étonnait beaucoup les mathématiciens du XVIIIe siècle, qui pour développer le calcul différentiel avaient depuis longtemps jeté la rigueur des anciens Grecs par dessus les moulins. Au XIXe siècle, renversement de tendance, on s'avisera par exemple que la propriété des valeurs intermédiaires doit être démontrée, et que cela ne peut se faire sans définitions précises de la continuité et des nombres réels.

C'est pourquoi le mathématicien moderne, peut-être même l'étudiant, après qu'on lui aura montré quelques fractales, demandera « C'est quoi, la définition générale ? ».

Qu'est-ce qu'une courbe ?

Mais le même mathématicien l'avouera si on lui pose la question : il éprouve la plus grande difficulté à définir ce qu'est une « courbe ». On trouvera dans ses cours « courbe paramétrée », « courbe définie par une équation », mais aucune définition de « courbe » tout court.

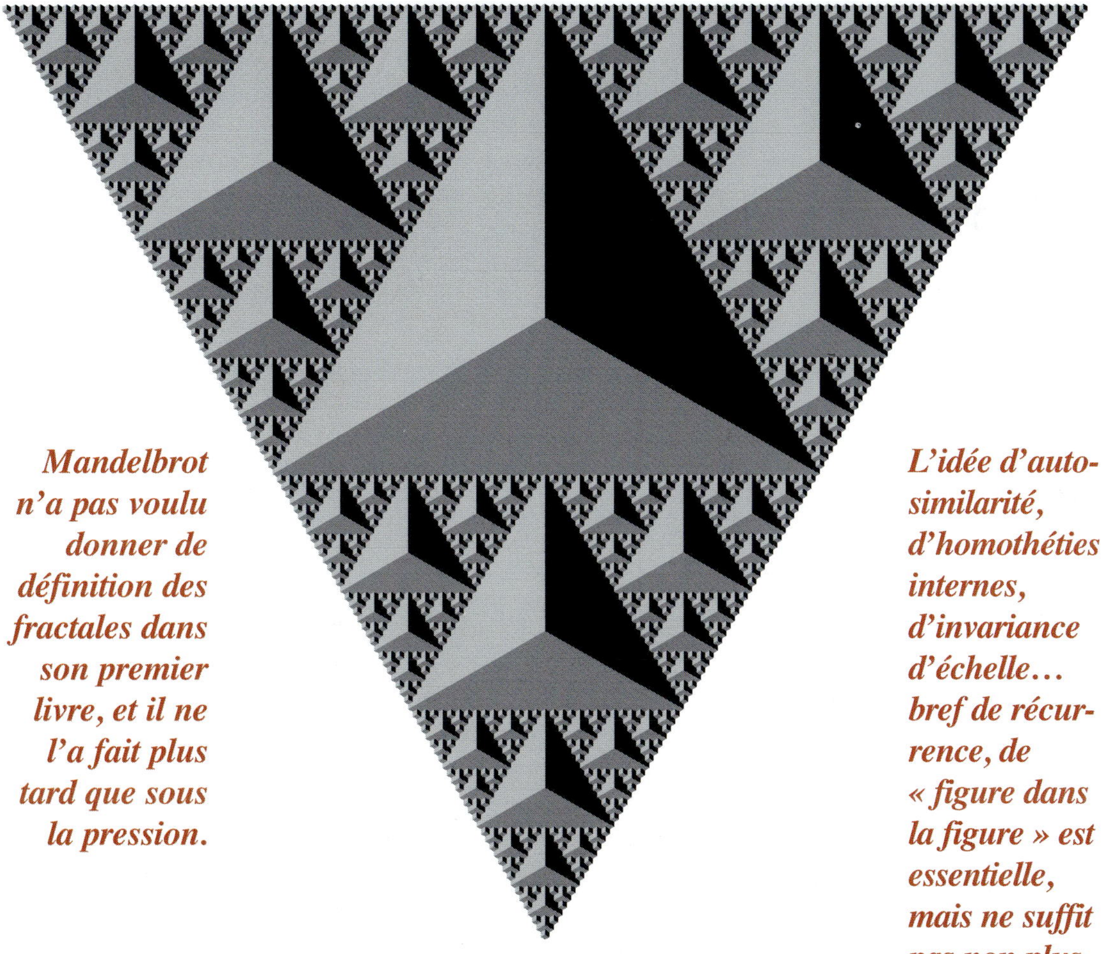

Mandelbrot n'a pas voulu donner de définition des fractales dans son premier livre, et il ne l'a fait plus tard que sous la pression.

L'idée d'auto-similarité, d'homothéties internes, d'invariance d'échelle… bref de récurrence, de « figure dans la figure » est essentielle, mais ne suffit pas non plus car il ne s'agit pas d'auto-similarité exacte : il faut ajouter l'aspect aléatoire

Le vulgarisateur n'a pas ce souci : dans *La théorie du chaos*, James Gleick écrit que « courbe » signifie « ligne continue, droite ou non », après quoi il explique fort bien ce qu'est la courbe de von Koch. Là est la question : la courbe de von Koch mérite-t-elle le nom de courbe ?

Vers 1850, deux certitudes à propos des courbes sont bien partagées par tous : la première, c'est que toute courbe possède une tangente (sauf en certains points « singuliers ») ; la seconde, c'est qu'elle est de dimension 1. La première certitude tomba avec la découverte de *monstres* : les fonctions continues dérivables nulle part ! (À ce sujet, le lecteur curieux consultera **Tangente** 95 ou **Tangente Sup** 22). À leur propos, Charles Hermite dit en 1872 : « Je me détourne avec horreur et effroi de cette plaie lamentable des fonctions continues qui n'ont pas de dérivée.»

La seconde certitude, selon laquelle les courbes sont les objets de dimension 1 (on les décrit en faisant varier un nombre) comme les surfaces sont de dimension 2 et les volumes de dimension 3, devait être également mise à mal. Que faire en effet de la bijection entre un segment et un carré établie par Cantor en 1877 ? Et de la courbe de Peano (voir l'article sur *La dimension fractale*) ?

Il fallut attendre Jordan pour montrer que si l'application $t \mapsto (x(t), y(t))$ est continue et injective (donc bijective sur

Une ruse de l'Histoire

Il y a dans toute cette histoire un très joli paradoxe. À la fin du XIXe siècle, la fractale – appelée à cette époque courbe continue sans dérivée –, apparaissait comme une pure création humaine. C'était l'époque ou Cantor écrivait « L'essence des Mathématiques réside dans leur liberté » pour signifier que l'époque où les mathématiques n'étaient que l'étude des nombres et de l'espace, un moyen de décrire la nature, était révolue.

Hermite répondait en se « détournant de ces horreurs » et le grand Henri Poincaré, pourtant traducteur de Cantor, constatait avec regret qu'on ne construisait plus d'exemples « pour illustrer les théorèmes et les théories, mais pour mettre en défaut les raisonnements de nos pères ».

Mais ni les uns ni les autres, ni les mathématiciens « modernes » se considérant comme des « créateurs », ni les partisans d'une mathématique liée au monde réel, ne mettaient en doute le fait que des créations comme l'ensemble de Cantor ou la courbe de Peano étaient des objets « pathologiques », et en tout cas très éloignés de la nature.

Et voilà que Mandelbrot est venu proclamer : « Mais non, la nature n'est pas analytique, lisse, dérivable, elle est fractale. Ces objets que Cantor, Peano, von Koch, Sierpinski, ont inventés – tirés de leur imagination, ou d'un libre jeu sur les définitions – en croyant s'émanciper de la nature, décrivent en fait mieux la nature que les fonctions analytiques des physiciens du XIXe siècle. »

À chacun de méditer sur cette ruse de l'Histoire (ou de la Nature).

son image), alors cette image possède les propriétés qu'on est en droit d'attendre d'une courbe. Elle partage le plan en deux (côté droit et côté gauche), etc. Mais le théorème de Jordan est très difficile à démontrer. Un prix très cher pour retrouver seulement une partie de l'intuition que l'on a d'une courbe…

Aujourd'hui, en incorporant dès le départ la dérivabilité, on obtient une définition satisfaisante, qui a l'avantage que les courbes correspondant à la définition peuvent être aussi bien considérées comme des courbes paramétrées que comme les courbes définies par une équation $f(x, y) = 0$. Malheureusement, cette définition n'autorise pas les points doubles (courbes en forme de 8, par exemple), ni les points de rebroussement. Et dès qu'on veut réintroduire ces « singularités », il n'y a plus coïncidence parfaite entre les deux modes de définition…

Définir les fractales... mission impossible

On conçoit que la définition des fractales puisse être malaisée, puisque les premières fractales n'étaient que des courbes pathologiques, comme disent les mathématiciens, des « monstres ».

En fait, on constate que les deux définitions en usage des courbes correspondent aux deux façons concrètes d'engendrer une courbe : trajectoire décrite par un point et ligne de niveau d'une fonction (le littoral est par exemple la ligne de niveau zéro de la fonction altitude).

Mais il y a bien plus de deux façons d'engendrer des fractales : un objet de dimension 1 qui veut devenir de dimension 2 ou même 3 (comme le réseau des capillaires), ou un objet de dimension 1 qui ne sait pas où il va (comme le mouvement brownien), ou un ensemble attracteur, etc. À tous ces modes de génération correspondent d'ailleurs des figures d'allures très différentes, et une définition des fractales devrait dégager ce qu'il y a de commun entre elles.

Benoît Mandelbrot n'a pas voulu donner de définition des fractales dans son premier livre, *Objets fractals*, paru en 1975. Quand il en donne une un peu plus tard, c'est sous la pression, dit-il, et en avouant son manque d'enthousiasme : « Un ensemble fractal (dans le plan ou dans l'espace) est un ensemble dont la dimension de Hausdorff est strictement supérieure à la dimension topologique ».

Il note que plusieurs objets évidemment fractals (l'escalier du diable (voir également **Tangente Sup** 22) par exemple) ne satisfont pas à la définition, mais surtout il est persuadé qu'on ne peut donner qu'une *définition empirique*, aucune *définition abstraite* n'étant entièrement satisfaisante.

La principale critique, Mandelbrot l'écrit en 1983, qu'on peut faire à la définition ci-dessus, c'est de manquer l'essentiel : avant tout fractal siginifie auto-similaire. Cette idée d'auto-similarité, d'homothéties internes, d'invariance d'échelle… bref de récurrence, de « figure dans la figure » est essentielle, mais ne suffit pas non plus car il ne s'agit pas d'auto-similarité exacte : il faut ajouter l'aspect aléatoire (Mandelbrot parle d'auto-similarité statistique, ce qui n'est pas très clair). Sinon certains vont croire que les fractals sont « des objets qui résultent de constructions géométriques assez simples ».

« Un fractal est un objet irrégulier, dont l'irrégularité est la même à toutes les échelles et en tous les points. » Adrien Douady

Restons flous

Bien persuadé que l'absence d'une *définition dogmatique* ne risque pas d'entraver le développement de la géométrie fractale de la nature, Mandelbrot finit par rétracter sa définition initiale pour lui substituer quelque chose de plus vague, mais plus juste : « Une fractale est une figure géométrique ou un objet naturel qui combine les caractéristiques suivantes : *a*) ses parties ont la même structure que le tout, à ceci près qu'elles le sont à une échelle différente et peuvent être légèrement déformées ; *b*) sa forme est extrêmement irrégulière ou fragmentée et le reste à toutes les échelles ; *c*) elle contient des éléments discernables dans une large gamme d'échelle. » On peut dire en résumé : **Un ensemble fractal (dans le plan ou dans l'espace) est un ensemble approximativement auto-similaire.**

Cela nous laisse avec le soin de définir « approximativement auto-similaire », en sachant que personne ne l'a fait de façon satisfaisante jusqu'à présent. Première observation : il n'y a pas que les fractales qui soient auto-similaires. Dans le plan, la figure la plus auto-similaire qui soit c'est la droite. Elle est invariante par toutes les homothéties de rapport compris entre zéro et l'infini !

Et il y a aussi des figures approximativement auto-similaires très liées à la droite, ce sont les courbes (avec tangente). Si on se place en un point d'une courbe et qu'on zoome sur la courbe avec des grossissements de 10, 100, 1000… ce qu'on voit à la limite, c'est une droite : la tangente à la courbe.

Cette observation peut même servir de point de départ pour une définition des courbes avec tangente. Si un ensemble du plan est tel qu'en zoomant sur chaque point avec un grossissement de 10, 100, 1000… on voit à la limite une droite, alors l'ensemble est une courbe.

On réalise alors la difficulté de la définition des fractales. C'est comme définir les courbes sans avoir droit au paramétrage (la courbe est parcourue par un point se déplaçant au cours du temps) ni à l'équation cartésienne. La solution, on l'a vu, est dans le zoom. Mais dans le cas de la fractale, il y a encore une difficulté, on ne sait pas quel doit être l'objet limite, jouant le rôle de la droite tangente, ni d'ailleurs s'il doit y avoir un objet limite. Il est plus sage d'en rester là, en s'en tenant pour le moment à la définition paradoxale d'Adrien Douady : « Un fractal est un objet irrégulier, dont l'irrégularité est la même à toutes les échelles et en tous les points. »

A. B.

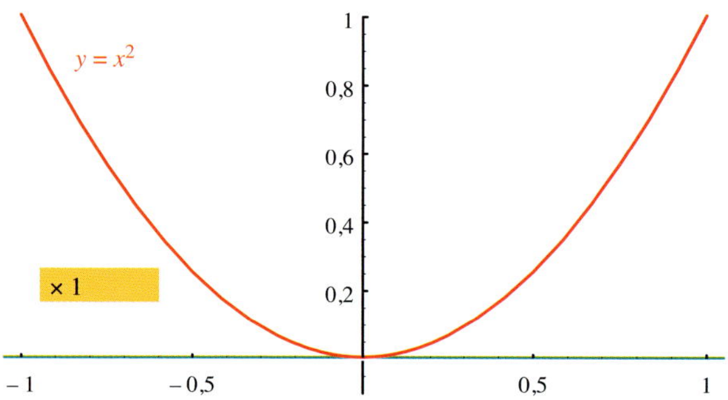

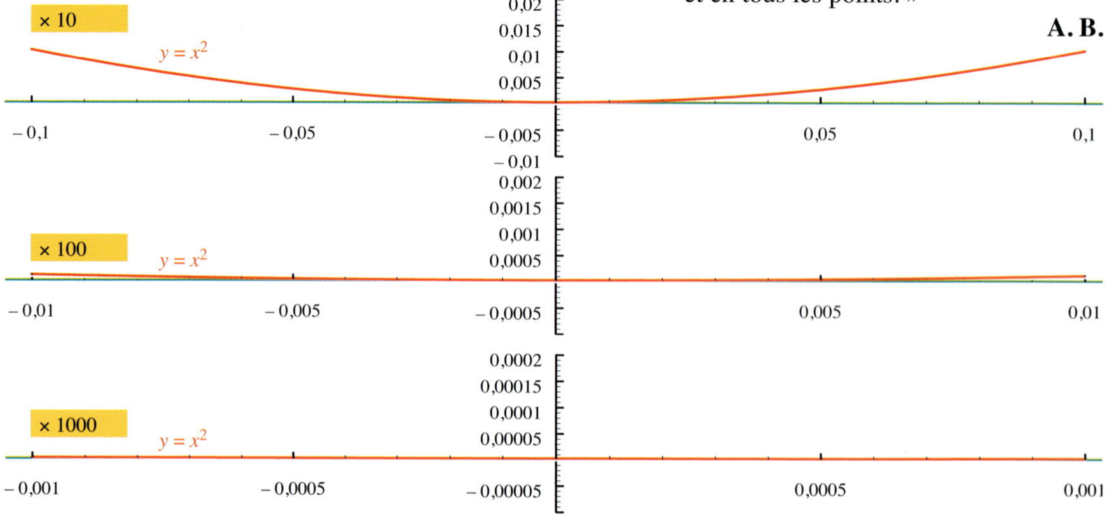

Jeux fractals

Jeu de dés

Tracez un triangle sur une feuille (il peut être quelconque) et donnez à chaque sommet une couleur : rouge, bleu et vert. Ensuite, peignez deux des faces opposées d'un dé respectivement en rouge, bleu et vert.
Il faut maintenant choisir un point qui servira de “germe” ; ce point peut être sur le triangle pour plus de simplicité, mais en fait, il suffit qu'il soit dans le plan.
On lance le dé, et suivant la couleur qui tombe, on déplace le germe de la moitié de la distance qui le sépare du sommet ayant la bonne couleur. Il suffit de renouveler l’opération un grand nombre de fois. À chaque itération, on conserve sur la feuille la trace de l’opération.
Peut-on prédire la forme du motif ?

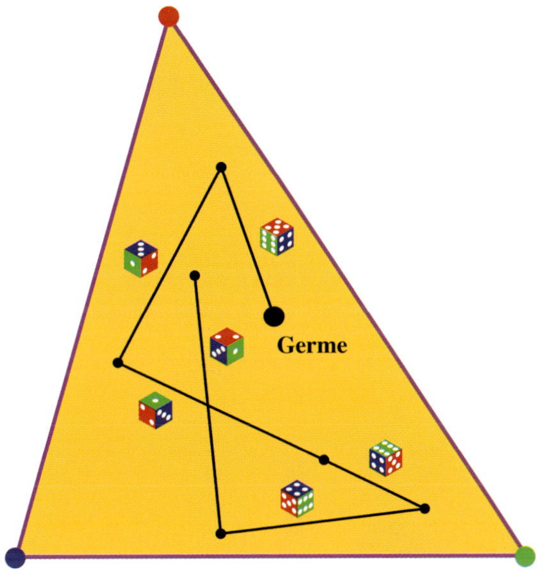

Solutions page 23

1
1 1
1 2 1
1 3 3 1
1 4 6 4 1
1 5 10 10 5 1
1 6 15 20 15 6 1
1 7 21 35 35 21 7 1
1 8 28 56 70 56 28 8 1
1 9 36 84 126 126 84 36 9 1
1 10 45 120 210 252 210 120 45 10 1
1 11 55 165 330 462 462 330 165 55 11 1
1 12 66 220 495 792 924 792 495 220 66 12 1

Le triangle de Pascal

Ce triangle en dépit de son nom, n’est pas dû à Pascal ; il était connu des Arabes et des Chinois au XIIIe siècle. Observez attentivement le triangle de Pascal ci-contre.

1 • Comment a-t-il été réalisé ?
2 • Si on développe les identités remarquables suivantes : $(a + b)^n$, en faisant varier n à partir de zéro, et en écrivant tous les coefficients (même les 1), **que remarque-t-on ?**
3 • Maintenant, à partir d’un triangle de Pascal, amusez-vous à noircir les cases impaires, en lassant blanches les cases paires. **Que voyez-vous ?**

par Francis Casiro

Les arbres de Pythagore

Les fractales déterministes sont des formes infiniment imbriquées qui peuvent être décrites à l'aide d'un alphabet géométrique et de quelques règles syntaxiques simples.

Si la partie peut être semblable au tout, c'est que nécessairement ce dernier est infini.

La construction géométrique d'un objet auto-similaire offre des analogies avec ce que l'on appelle en linguistique la technique de l'enchâssement.
Un exemple en est donné par la comptine :

C'est le fermier qui a semé le grain
Qu'a mangé le coq, qui a chanté le matin,
Qui a réveillé le curé tout rasé tout tonsuré
Qui a marié l'homme tout cassé tout usé
Qui a embrassé la servante esseulée
Qui a fait mal au chien
Qui a chassé le chat
Qui a mordu le rat
Qui a mangé le malt
Qui était dans la maison que Jacques a bâtie.

L'enchâssement est un cas spécial des lois de récurrence, ensemble de règles qui permettent d'effectuer la même opération plus d'une fois lorsqu'on construit une phrase, de façon à fabriquer cette dernière de la forme et de la longueur qu'on désire.
Considérons la suite de phrases enchâssées :

J'écris.
J'écris que j'écris.
J'écris que j'écris que j'écris.
...
J'écris que j'écris que... que j'écris.

Nous pouvons poursuivre ainsi à l'infini. Une telle phrase (celle de longueur infinie) admet des sous-phrases directement semblables à elle-même (Si la partie est semblable au tout, c'est que nécessairement ce dernier est infini).
Nous pouvons compliquer un tout petit peu cet exemple.

J'écris que je pense que je rêve.
J'écris que je pense que je rêve que j'écris que je pense que je rêve...

Ou encore :

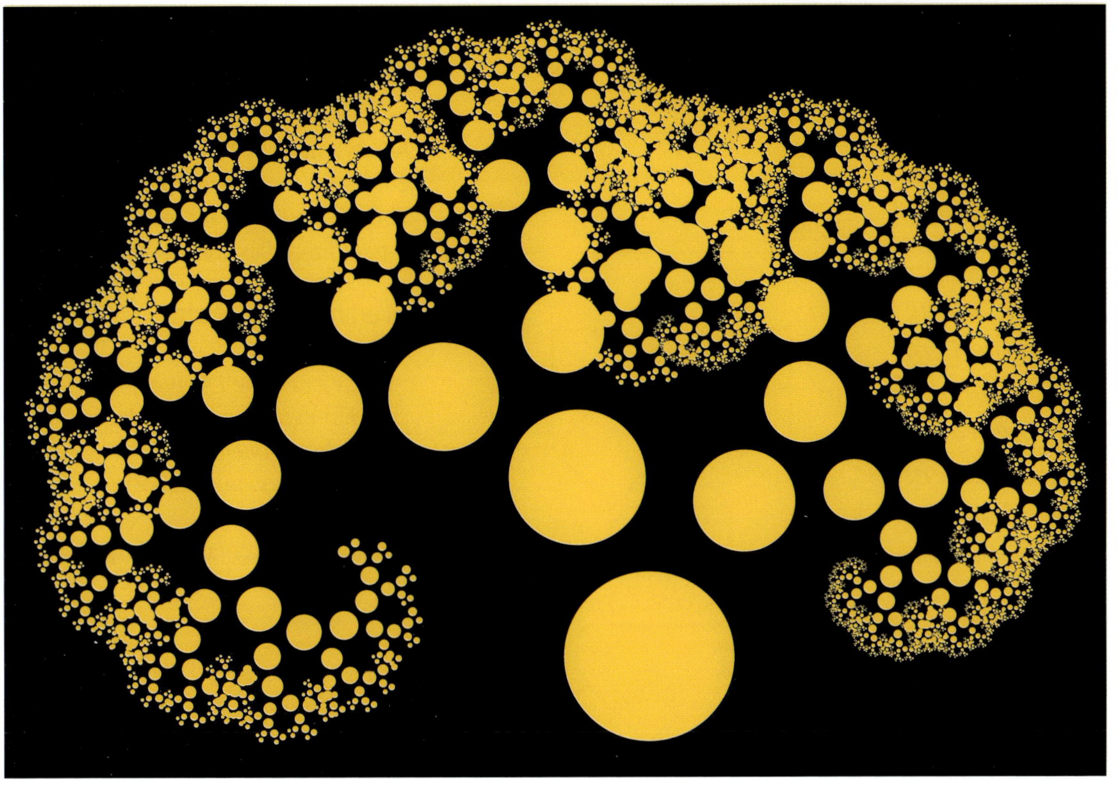

Le fractal de Pythagore lorsque les carrés de la configuration initiale sont remplacés par leur cercle inscrit.

Le président d'une séance de la société de Logique : "Avant de proposer la motion "Voici la motion que nous proposons", ne devrions-nous pas d'abord proposer la motion "que la motion "que la motion soit maintenant proposée" soit maintenant proposée" ? et avant de proposer cette motion, ne devrions-nous pas pas proposer la motion "que la motion"que la motion…

(Extrait d'un vieux numéro de *Punch*.)

Ou encore :

Le naturaliste a sur l'épaule une puce qui a sur l'épaule une puce plus petite qui a sur l'épaule une puce plus petite qui a sur l'épaule une puce…

(D'après Swift.)

Deux remarques s'imposent. La première est que ces phrases sont rapidement incompréhensibles. La seconde est que la propriété qu'ont ces phrases d'être exactement semblables à certaines de leurs sous-phrases est due à leur longueur infinie. Rien de cela n'est possible dans le cas de phrases finies.

D'autre part, la construction de toutes ces phrases obéit grossièrement au schéma :

Objet initial : A_0.
Règles de remplacement :
$A_0 \to f_1 (A_0, A_1, \dots, A_{n-1})$
$A_1 \to f_2 (A_0, A_1, \dots, A_{n-1})$
…
$A_{n-1} \to f_{n-1} (A_0, A_1, \dots, A_{n-1})$.

Par exemple, la phrase "J'écris que j'écris que…" se plie au schéma :

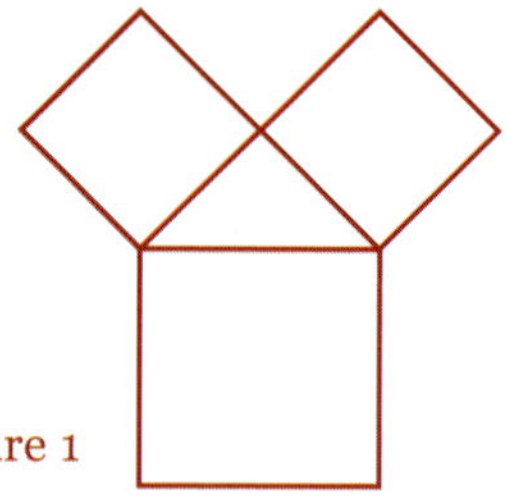

Figure 1

Chaque branche d'un arbre de Pythagore est directement semblable à l'arbre tout entier.

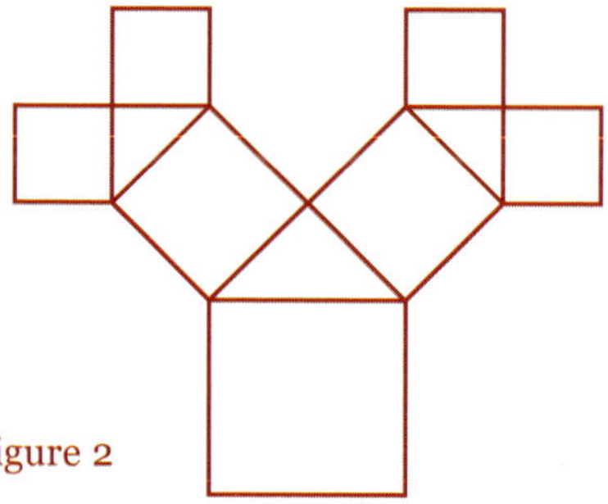

Figure 2

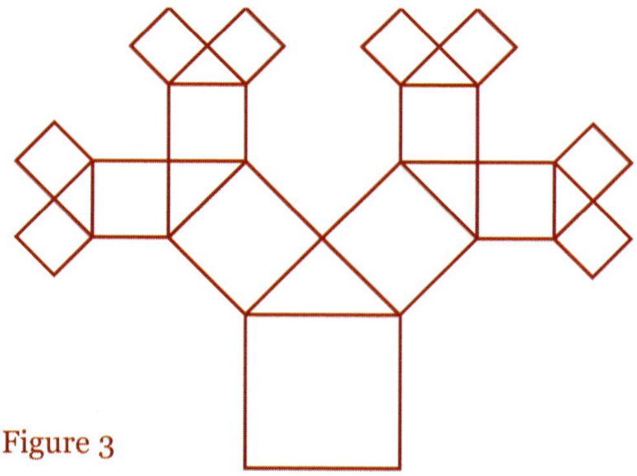

Figure 3

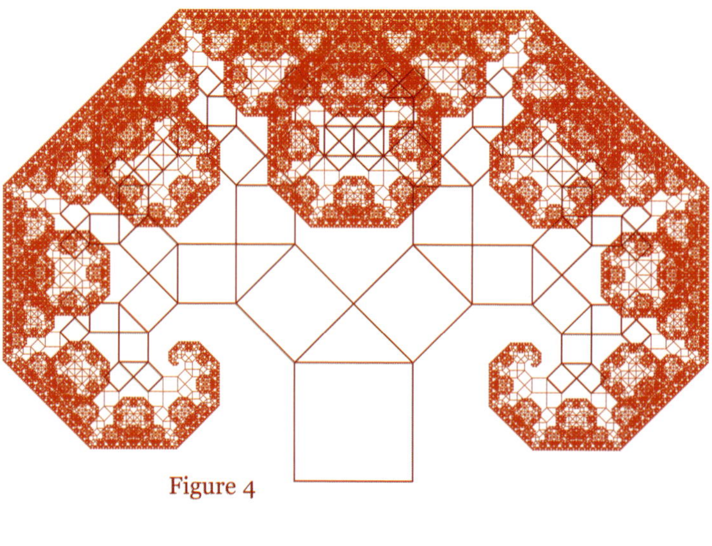

Figure 4

A = "J'écris"
A → ABA
B → "que".

Qu'advient-il si les symboles précédents sont remplacés par des figures géométriques ? La réponse est simple : on peut imiter les formes naturelles.

Les arbres de Pythagore

Le carré de l'hypoténuse
Est égal si je ne m'abuse
À la somme des carrés
Des deux autres côtés.

Tout le monde connaît la figure associée au théorème de Pythagore.

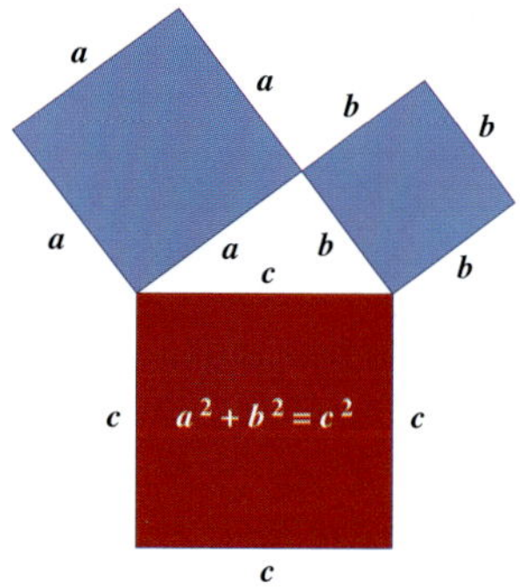

Cette figure est à l'origine de la première crise des fondements des mathématiques : l'irrationnalité de $\sqrt{2}$, et plus récemment de la construction des arbres de Pythagore.

Considérons la figure de Pythagore associée à un triangle rectangle isocèle (figure 1).
Remplaçons chacun des deux carrés des côtés de l'angle droit par une figure de Pythagore (figure 2).
Recommençons l'étape précédente pour chacun des quatre carrés disponibles et poursuivons (figure 3).
À la "limite" un arbre "fractal" se dessine (figure 4).

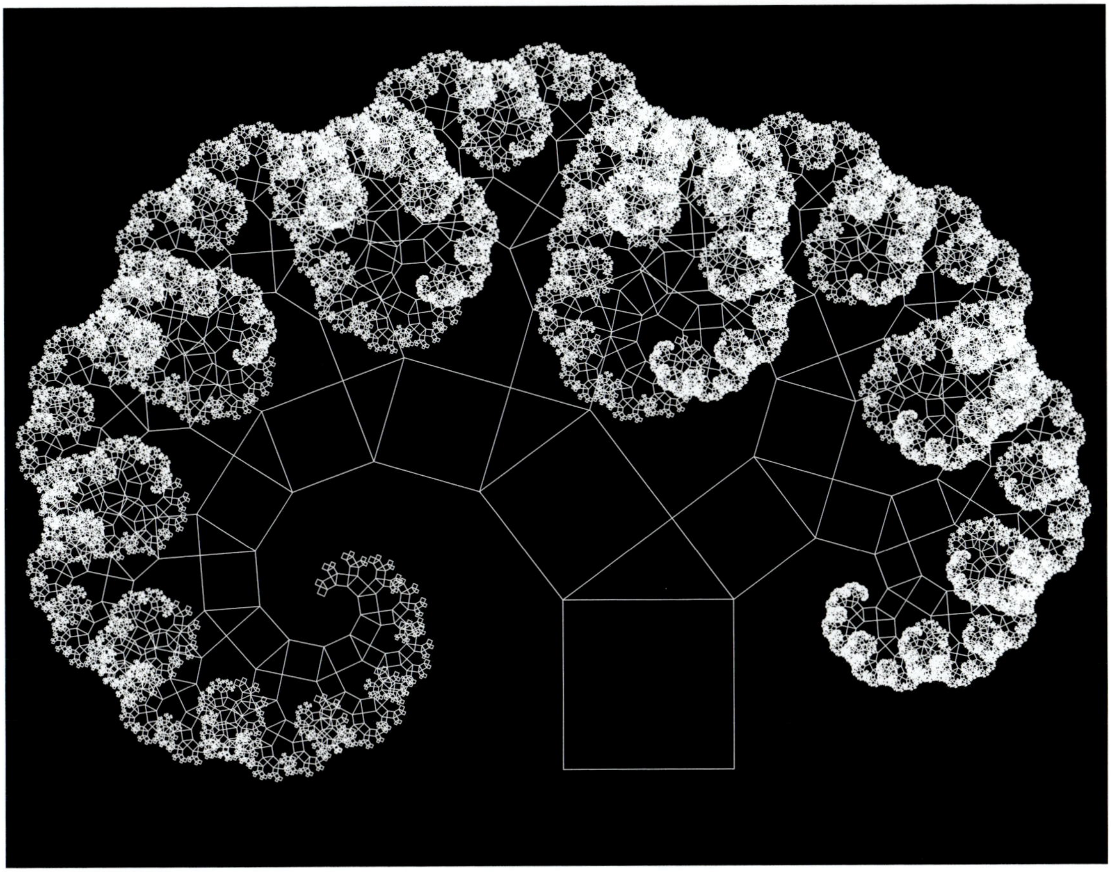

L'arbre de Pythagore lorsque la configuration initiale est le classique "$3^2 + 4^2 = 5^2$".

Chaque branche est directement semblable à l'arbre.
En suivant le même schéma de construction, mais en ne s'imposant plus un triangle rectangle isocèle, on obtient un arbre à "circonvolutions" (figure ci-dessus).
Si on abandonne le triangle rectangle pour un triangle équilatéral l'arbre se dilue en un pavage périodique du plan. Et si le triangle est isocèle avec un angle obtus, on voit apparaître le broccoli de Pythagore.

L-systèmes

Le procédé décrit pour la construction des arbres de Pythagore est un cas particulier de L-système (d'après Aristid

Lindenmayer, biologiste hongrois). Partant d'un *axiome* ou *germe* A, on applique à chaque occurrence de A une ou plusieurs règles de substitution f autorisant l'itération de la procédure. L'objet obtenu à la limite, point fixe de f, est très souvent fractal.

Ainsi, pour construire la courbe de von Koch (voir page 10), on part de l'axiome A (un segment) et on utilise la règle de substitution : $A \rightarrow A + A - - A + A$, où les symboles "+ A" et "– A" représentent le segment A après un sixième de tour dans le sens positif ou négatif.

Le lecteur pourra-t-il, à titre de conclusion champêtre, trouver la règle de substitution engendrant le buisson fractal représenté ci-dessous ?

F. C.

Étape 1 Étape 2 Étape 3 Étape 4

Pliage fractal

1 Pliez en deux une feuille carrée. Dépliez, repliez dans l'autre sens. Répétez l'opération plusieurs fois afin de bien marquer le pli. On procédera ainsi à chaque étape pour tout nouveau pli.

2 Marquez les points du pli situés à un quart de la longueur du pli, de chacun des bords latéraux. Coupez à partir du pli en suivant le bord. Arrêtez l'entaille à moitié de la distance du bord supérieur.

3 Répétez l'étape 1 pour la languette médiane.

4 Répétez l'étape 2 sur les quatre épaisseurs.

5 Nouveau pli.

6 On coupe les huit épaisseurs.

7 On recommence.
Cette étape, ainsi que la suivante, est délicate avec du papier ordinaire.

8 On coupe à nouveau (si on peut !).
Si on veut procéder à des étapes supplémentaires, il est préférable de se munir de papier japonais (origami).

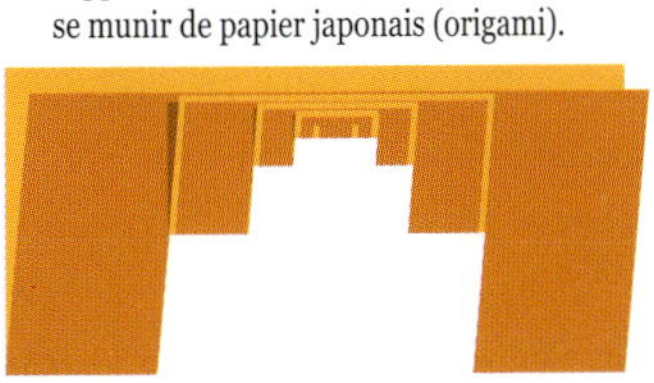

9 On déplie délicatement.

par Hervé Lehning

La dimension fractale

Comment un objet peut-il posséder une dimension non entière ? La réponse tient dans la définition de la notion de dimension. Un même objet n'aura pas forcément la même dimension selon la définition utilisée.

La notion de dimension a longtemps paru si évidente qu'il semblait inutile de la définir. Ainsi, Euclide commence ses éléments de la façon suivante :

- Un point est ce qui n'a aucune partie,
- Une ligne est une longueur sans largeur, ses extrémités sont des points,
- Une surface est ce qui possède longueur et largeur seulement, les extrémités d'une surface sont des lignes, etc.

Selon Euclide, la dimension d'un objet est égale au nombre de paramètres nécessaires pour le décrire.

En langage plus moderne, Euclide propose ici une définition des objets de dimension zéro, un et deux. On peut y lire que la dimension d'un objet est égale au nombre de paramètres nécessaires pour le décrire. Pour une courbe, c'est du bon sens : la dessiner ne dépend que d'un paramètre et ce paramètre est le temps. Autrement dit chaque point correspond à l'instant où on l'a tracé.

À chaque instant t, la pointe du stylo trace un point M (t). En termes géométriques, on dira plutôt que chaque point est repéré par une longueur : son abscisse sur la courbe.

Pour une surface, la question est moins directe mais on peut voir un réseau de courbes et donc un couple de coordonnées curvilignes :

Une surface est définie par un réseau de deux familles de courbes coordonnées. Chaque point correspond à l'intersection de deux courbes donc à une abscisse et une ordonnée, une longueur et une largeur pour employer le vocabulaire d'Euclide.

Il avait toujours semblé si manifeste que deux paramètres étaient nécessaires pour paramétrer une surface que personne n'avait jamais éprouvé le besoin de le démontrer.
Personne jusqu'au début de la crise des fondements des mathématiques bien sûr ! C'est alors que plusieurs mathématiciens dont Cantor, Peano et Hilbert proposèrent des paramétrages de surface au moyen d'un seul paramètre (voir l'encadré « *La courbe de Peano* »). En conséquence, il fallait trouver une autre définition de la notion de dimension.

Dimension de Kolmogorov

Kolmogorov (1903-1987) a proposé une notion qui, a priori vient de l'idée de mesure. Partant d'un domaine borné A du plan, il compte le nombre minimal $N(r)$ de carrés de côtés $r > 0$ nécessaires pour le recouvrir :

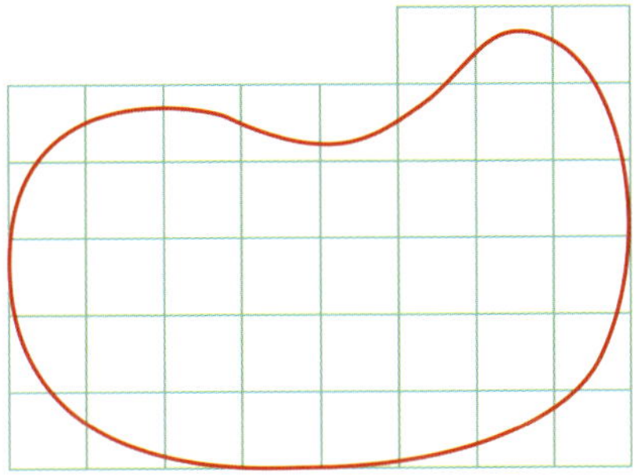

Recouvrement d'une partie bornée par des carrés de côtés r.

Par exemple, pour un segment de longueur a, il est facile de trouver le recouvrement optimal :

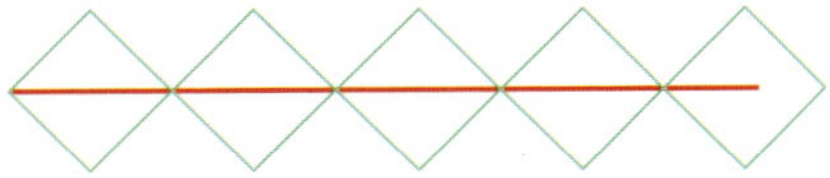

Recouvrement optimal d'un segment.

La dimension topologique

Il est possible de définir une notion de dimension proche de l'idée d'Euclide en procédant par récurrence :

le vide est de dimension -1,
si un objet peut être déconnecté (c'est-à-dire mis en plusieurs morceaux) en lui retirant une partie de dimension n, on dit qu'il est de dimension $n+1$.

Voyons cette définition à l'œuvre :
Un ensemble fini de points est toujours déconnecté donc il est de dimension 0. En retirant un point d'une droite, on obtient deux demi-droites déconnectées : la droite est de dimension 1. De même, on déconnecte un cercle en lui retirant deux points. Il est donc également de dimension 1. De même pour toutes les courbes usuelles. En revanche, si on enlève un point à un plan, on ne le déconnecte pas en deux car on peut toujours passer d'un point du plan à un autre en contournant le point enlevé. Pour déconnecter un plan en deux, il faut lui retirer une droite. Il est donc de dimension deux.
La notion de dimension que nous venons de décrire est appelée *dimension topologique*.
Bien entendu, elle est toujours entière et le flocon de von Koch est de dimension 1.

On en déduit que $N(r) = [\frac{a}{r\sqrt{2}}]$ (le plus petit entier supérieur à $\frac{a}{r\sqrt{2}}$) ce qui fournit la double inégalité :

$$\frac{a}{r\sqrt{2}} - 1 \leqslant N(r) \leqslant \frac{a}{r\sqrt{2}}$$

et une idée pour caractériser la dimension : il s'agit du nombre d tel que r^d N (r) ait une limite finie non nulle quand r tend vers 0.

Dans le cas du segment ($d = 1$), cette limite est égale à $\frac{a}{\sqrt{2}}$.

Il est facile de recommencer l'expérience pour toute courbe usuelle comme le cercle ou l'ellipse, nous trouvons toujours que r N (r) a une limite finie non nulle quand r tend vers 0, lorsque $d = 1$.

Avant de généraliser cette idée, voyons ce qu'elle donne dans le cas d'un carré.

La notion proposée par Kolmogorov correspond bien à l'idée intuitive de dimension.

Recouvrement d'un carré.

Sur chaque ligne de ce recouvrement, nous avons placé $\left[\frac{a}{r}\right]$ carrés de côté r.

Comme le nombre de lignes est également $\left[\frac{a}{r}\right]$ ceci nous donne $\left[\frac{a}{r}\right]^2$ carrés en tout.

Même si ce recouvrement n'est pas optimal, nous en déduisons l'inégalité :

$N(r) \leqslant \left(\frac{a}{r} + 1\right)^2$.

D'autre part, en considérant les aires des carrés, on montre que : $N(r) \geqslant \left(\frac{a}{r}\right)^2$.

Donc de même que précédemment, on en déduit que r^2 N (r) a une limite finie non nulle quand r tend vers 0. Nous pouvons recommencer avec d'autres surfaces usuelles, nous retrouvons toujours le même résultat.

C'est pourquoi Kolmogorov définit la dimension d'une partie bornée A comme étant :

la borne inférieure des nombres $d > 0$ tels que r^d N (r) soit borné au voisinage de zéro.

Vous pouvez essayer avec d'autres objets simples, vous constaterez que la notion proposée par Kolmogorov correspond bien à l'idée intuitive de dimension même si elle ne s'applique a priori qu'aux parties bornées. En fait, il est facile de l'étendre aux parties non bornées en considérant la borne supérieure des dimensions des intersections avec tout disque du plan. On peut également modifier la définition et remplacer les carrés par des disques de rayon r, la notion reste inchangée.

Dimensions non entières

Contrairement à la notion de dimension proposée par Euclide (nombres de paramètres utiles pour repérer un point sur un objet), la dimension de Kolmogorov peut conduire à des valeurs non entières. Un exemple assez simple est donné par le flocon de von Koch (1870-1924).

Pour former le flocon de von Koch, on part d'un triangle équilatéral, on décou-

La courbe de Peano

Peano (1858-1932) a construit une fonction continue qui montre qu'un seul paramètre suffit pour se repérer continûment sur le carré [0, 1] × [0, 1].
Pour cela, il trace d'abord la diagonale d'un carré. Il partage ce carré en neuf carrés égaux puis il considère une ligne brisée formée par des diagonales de chacun de ces neuf carrés.
Il applique ensuite ce mécanisme à chacune des diagonales des neufs carrés. En commençant par celui du bas à gauche, il obtient la figure ci-contre.
Ceci n'est que le début de l'étape 2, l'étape complète est beaucoup plus délicate à lire : À chaque étape, il est facile de paramétrer continûment la ligne brisée ainsi formée, le paramètre variant sur le segment [0, 1].
En itérant le processus, Peano obtient une suite (f_n) de fonctions continues sur [0, 1] à valeurs dans le carré [0, 1] × [0, 1] et à la limite une fonction f continue sur [0, 1] à valeurs dans le carré [0, 1] × [0, 1].
Il démontre de plus que l'image de [0, 1] par f est égale à [0, 1] × [0, 1]. Ainsi, à l'aide de la fonction de Peano, on peut se repérer continûment dans le carré à l'aide d'un seul paramètre ! La notion de nombre de paramètres utiles pour le repérage n'est donc pas suffisante pour définir la notion de dimension.

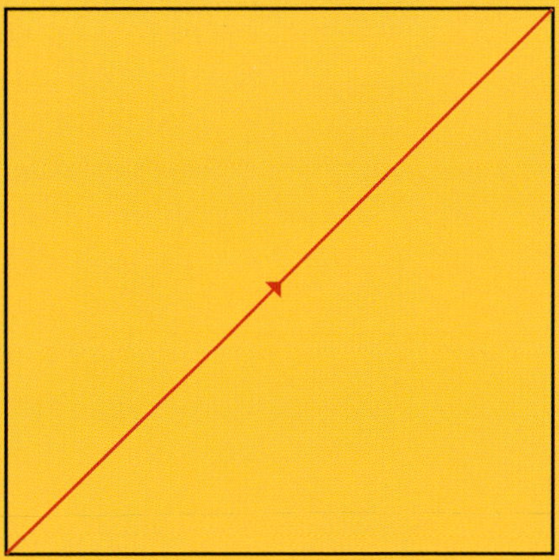

Construction de la courbe de Peano : étape 0. La flèche signale le sens de parcours.

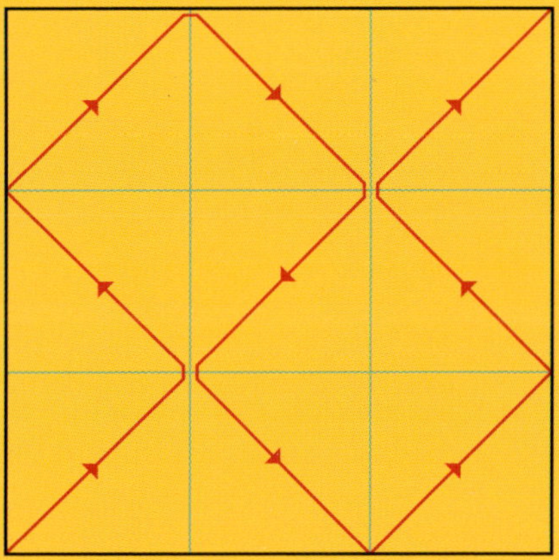

Construction de la courbe de Peano : étape 1.

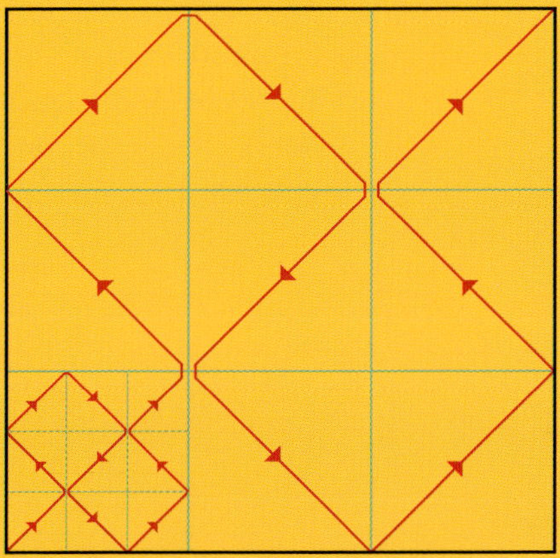

Construction de la courbe de Peano : étape 2.1.

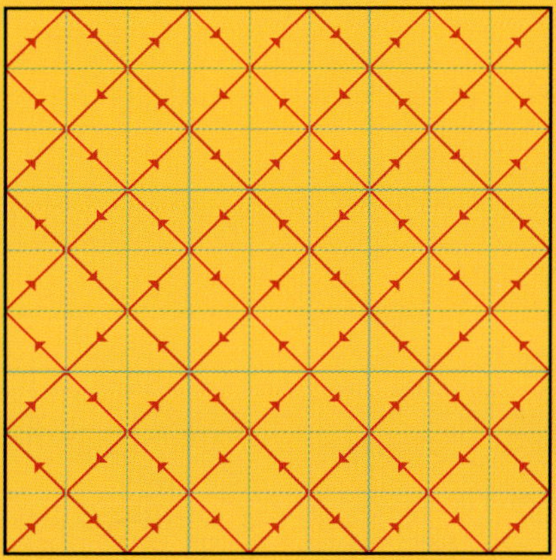

Construction de la courbe de Peano : étape 2.

Fig. 1

Fig. 2

Fig. 3

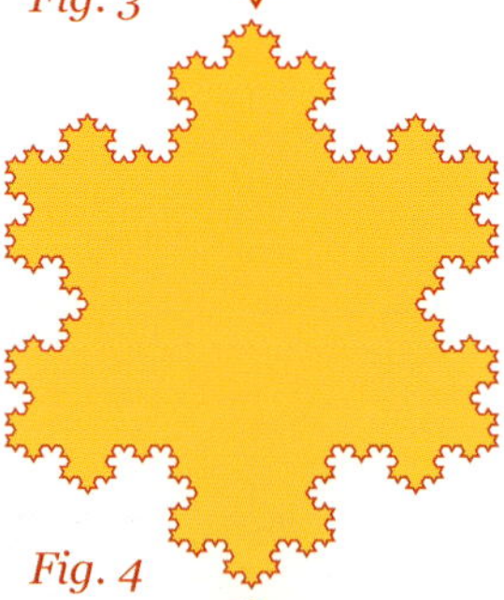

Fig. 4

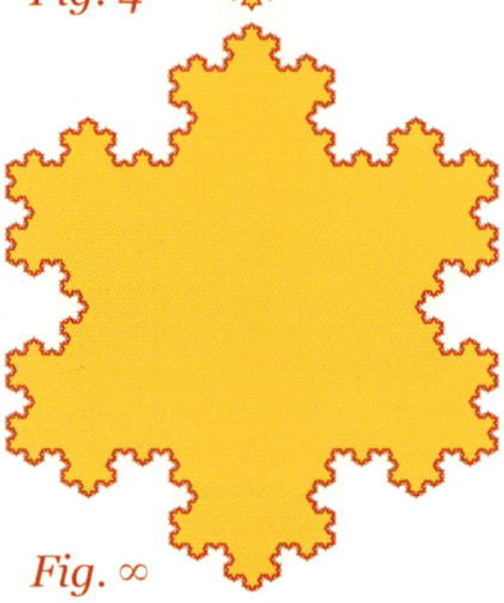

Fig. ∞

pe chacun de ses côtés en trois segments égaux dont on conserve les deux segments extrêmes, le segment intermédiaire, étant remplacé par les deux côtés du triangle équilatéral extérieur qu'on peut construire sur celui-ci.

On obtient ainsi une étoile à six branches (fig. 1).

On applique le mécanisme précédent à chaque côté de cette étoile pour former un polygone à 48 cotés et on recommence à l'infini (fig. 2).

À la limite, on obtient le flocon de von Koch (fig. ∞)

Calcul d'une dimension

Pour calculer la dimension d'un tel objet, nous affinons notre méthode. Nous commençons en fait par utiliser des carrés de longueurs particulières : celles des côtés de l'étape n de la construction de von Koch.

Par exemple, examinons le recouvrement suivant, valable à l'étape numéro 1 :

Recouvrement de la courbe de von Koch.

Flocon de von Koch : on peut montrer qu'il s'agit d'une courbe paramétrée continûment à l'aide d'un paramètre décrivant le segment [0, 1].

On démontre assez facilement que les étapes successives restent englobées dans ces carrés construits sur les côtés des triangles. On peut donc itérer le processus. Ainsi, il nous reste à calculer le nombre c_n et la longueur r_n des côtés à l'étape n. Ces deux suites vérifient les relations de récurrence :

$$c_n = 4c_{n-1} \text{ et } r_n = (1/3)\, r_{n-1}.$$

En tenant compte des valeurs pour $n = 0$, cela donne :

$$c_n = 3 \times 4^n \text{ et } r_n = (1\backslash 3)^n$$

d'où l'on conclut que :

$$N(r_n) \leqslant 3 \times 4^n.$$

D'autre part, du fait de leurs distances mutuelles, un carré de l'étape n ne peut contenir plus de deux sommets de cette même étape. Le nombre de sommets étant égale au nombre de côtés, $N(r_n) \geqslant (3/2) \times 4^n$.

Pour conclure, il suffit de remarquer que, comme la suite (r_n) est décroissante et tend vers zéro, pour tout $r > 0$, il existe n tel que : $r_{n+1} \leqslant r \leqslant r_n$ et donc, puisque la fonction N est décroissante :

$$\frac{3}{2} \times \frac{a^d}{3^d}\left(\frac{4}{3^d}\right)^n \leqslant r^d\, N(r) \leqslant 12\, a^d \left(\frac{4}{3^d}\right)^n.$$

On en déduit que la dimension du flocon de von Koch est égale à $\dfrac{\ln 4}{\ln 3}$ c'est-à-dire 1,26 à 10^{-2} près.

La notion de dimension fractale permet donc l'existence de dimensions non entières.

H. L.

Fractales sur la Toile

19 000 occurrences « fractales » en français sont proposées par Google. 1500 si on précise *courbes fractales*.

Les sites qui sortent du lot

Une brève histoire des fractals est racontée par Jean-François Colonna avec sa galerie, pont entre l'Art et la Science, constituée par plus de 1300 images fixes ou animées, pour la plupart issues de fractales :
http://www.lactamme.polytechnique.fr/Mosaic/descripteurs/Fractal.01.html
http://www.lactamme.polytechnique.fr/Mosaic/descripteurs/AVirtualSpaceTimeTravelMachine.Ang.html

Jean-Pierre Louvet propose un superbe album personnel d'œuvres fractales artistiques et une page de liens foisonnant vers les meilleurs sites mondiaux traitant des fractales.
http://fractals.iut.ubordeaux1.fr/jpl/jpl01.html

Le magazine *Futura-Sciences* a donné carte blanche sur le sujet à Jean-Pierre Louvet. Il y aborde en dix points des sujets aussi variés que les fractales naturelles, les applications des fractales ou les quaternions. http://www.futura-sciences.com/decouvrir/d/dossier234-1.php

Pour les curieux

Le site de Robert Ferréol, est un excellent site pédagogique, où l'on découvre des fractals célèbres, leurs "inventeurs", leur histoire et où l'on apprend également à les construire : à vous poussière de Cantor, tapis ou éponge de Sierpinski, escalier du Diable, ensemble de Mandelbrot…
http:/www.mathcurve.com/fractals/fractals.shtml
Dans le même esprit, on trouve le site-dictionnaire de Gérard Villemin avec, à sa rubrique "fractal", les définitions, propriétés, courbes et surfaces des plus simples aux plus complexes.
http://membres.lycos.fr/villemingerard/Suite/FracCour.htm

Voir de belles images

Le site http://framy.free.fr/index.php contient une impressionnante galerie de 8000 images mais aussi des tracés et des animations grâce au logiciel GECIF de Jean-Christophe Michel (téléchargeable). En prime, il retrouve le nombre d'or dans des courbes de Mandelbrot. À ne pas manquer.

Sur le site de Laurent Antoni, on trouve de très belles images également : hyperfractales, paysages, flamefrax. C'est aussi l'occasion de se procurer des économiseurs d'écrans très poétiques.
http://perso.clubinternet.fr/dreamp/gal1.htm

Charles Vassalo propose quand à lui une étude fort intéressante sur l'art fractal : mythes, développement, peintres et de nombreux exemples dont des images issues de fractales de Markus-Lyapounov.
http://perso.wanadoo.fr/charles.vassallo/index.html
Le site donne accès à l'anneau internaute dédié aux fractales artistiques (*Infinite Fractal Loop*)
http://www.fractalus.com/ifl

Pour les polyglottes

Nous ne mentionnerons que deux sites de langue anglaise, mais qui à eux deux contiennent tout :
The SPANKY Fractal Database de Noel Giffin, extrêmement complet à tout point de vue : définitions, exemples, liens, ressources, galerie et comprenant le fameux logiciel téléchargeable de créations fractales *Fractint*.
http://spanky.triumf.ca/www/welcome1.html
L'inévitable CRC d'Eric Weisstein : techniquement complet, bien illustré, aisé de recherches de lecture et de navigation, bibliographie imposante : 136 articles comprenant le mot Fractal.
http://mathworld.wolfram.com

A. Z.

Des fractales en frac et en vrac

Le chaos est l'époux lascif de l'infini.
Victor Hugo

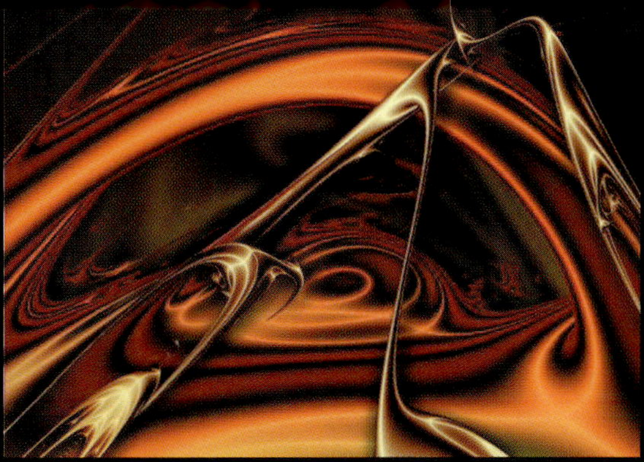

Fractales de Lyapounov

Fractales de Newton

Hommage à Barnsley

delbrot et Julia

par Alain Zalmanski

Fractalité du vivant

Dans le cervelet, l'intestin ou les viscères en général, la fractalisation conduit à un corps de volume fini mais possédant une surface « infinie » (ou presque) et dans lequel la plus infime cellule possède toutes les informations du corps complet. Une telle disposition peut correspondre à un souci naturel d'optimisation : par exemple maximiser une surface d'échange tout en conservant un volume restreint.

On retrouve d'ailleurs ces surfaces engendrées par des courbes « pathologiques » dans beaucoup d'éléments naturels minéraux (pierre ponce) ou animaux (éponges, coraux).

Les fractales se manifestent dans les végétaux avec les motifs de certaines fleurs (pensées, iris, tulipes) ou leur découpage floral (eremurus, sténophyllus, lupins, narcisses périanthe). Les feuilles ne sont pas en reste avec les fougères dont le découpage minutieux n'a d'égal que celui des inflorescences du chou-fleur, du brocoli ou surtout du chou romanesco (voir page 36).

D'ailleurs il n'est que d'observer le système racinien de plantes et arbres ou les inflorescences de certaines orchidées, des tentacules d'une pieuvre voire les ocellures iridescentes de la peau de certains serpents ou les superbes parements de papillons pour se rendre compte que le mal est contagieux : on voit des fractales partout !

A. Z.

Fractales et nature

Universalité des fractales

Répartition des galaxies dans l'univers, découpage des côtes marines, structure des aérogels, fronts de diffusion des soudures, propagation de la foudre, sutures de croissance des ammonites, agrégats atomiques, alvéoles pulmonaires, choux Romanesco, arbres et branches, bassins fluviaux, texture des coquillages, racines, percolation, fronts de corrosion, paysages montagneux, cours de la bourse, écoulements turbulents, réseau sanguin…

 par Raquel Azran

Une géométrie aussi belle qu'utile : les fractales

Si l'homme de la rue ne connaît souvent des fractales que leur esthétique envoûtante, il ignore qu'elles sont sollicitées dans de nombreux domaines de la physique. Eh oui, les fractales sont belles *et* intelligentes ! comme l'explique le physicien Bernard Sapoval.

Bernard Sapoval est physicien des solides et directeur de recherches au CNRS. Il est l'auteur du livre *Universalités et fractales*, paru en 1997 et récompensé du prix de la culture scientifique et technique du ministère de l'Éducation nationale.

Les fractales, concept à la fois simple dans sa définition et complexe dans ses déclinaisons, ne semblent exister dans la nature que pour leur beauté. L'art et les fractales, la musique et les fractales, etc. Voilà ce que, le plus généralement, l'on sait de leur usage. Pourtant, au-delà de la merveille mathématique et visuelle, ce concept géométrique possède une véritable utilité dans le monde réel. Son intérêt unique vient de ce que les fractales permettent de décrire beaucoup des nombreux objets irréguliers qui existent dans la nature. Pour mieux comprendre de quoi il s'agit, ***Tangente*** a rencontré Bernard Sapoval, directeur de recherche au CNRS.

***Tangente* : D'où vous vient cette passion pour les fractales ?**

***Bernard Sapoval* :** Je suis venu à m'intéresser aux fractales voilà une vingtaine d'années. Physicien des solides de formation, expérimentateur, j'étudiais la conduction de l'électricité dans les solides par des ions très mobiles dans les matériaux dits « superioniques ». Pour cela, on réalise des contacts métalliques par soudure. Avec Michel Rosso et Jean-François Gouyet, nous avions alors découvert que le front de diffusion d'une soudure (c'est-à-dire la ligne de partage des deux matériaux soudés) était une ligne fractale de dimension 7/4.

Outre ce sujet, mon intérêt pour les fractales est né de l'observation que de nombreux phénomènes aléatoires construisent naturellement des fractales. La géométrie fractale m'est alors apparue comme un concept unificateur très puissant pour décrire les irrégularités géométriques liées à ces phénomènes. Il existe beaucoup de systèmes à géométrie irrégulière dans la nature : les montagnes, les arbres, certains organes du corps humain… Les figures de corrosion ou de soudure sont fractales, la trajectoire des atomes et des molécules dans un gaz le sont aussi.

L'idée directrice de plusieurs de mes travaux est que les propriétés des systèmes fractals aléatoires sont dominées par leur fractalité et non par leur caractère aléatoire. On peut donc comprendre ces propriétés en étudiant des fractales non aléatoires (déterministes) de même dimension. Si cette hypothèse était avérée, l'étude des systèmes aléatoires en serait grandement simplifiée. Hypothèse que nous avons validée dans le cas des électrodes et des catalyseurs avec Marcel Filoche, et tout récemment pour l'arbre bronchique pulmonaire avec Benjamin Mauroy. La portée du concept de fractales et les possibilités qu'il offre sont immenses.

Tangente : Quelles sont précisément ces possibilités ?

Bernard Sapoval : L'application la plus directe et la plus simple de la géométrie fractale est la caractérisation et la mesure de l'irrégularité lorsque celle-ci possède une propriété d'autosimilarité ou d'invariance d'échelle. Les fractales se révèlent alors très utiles pour décrire ces structures particulières. Cela dit, force est de reconnaître que leur utilisation relève encore du domaine semi-empirique. En effet, on peut ne pas toujours comprendre pourquoi telle ou telle géométrie est fractale, ni en quoi sa « fractabilité » est pertinente et, néanmoins, trouver profit à utiliser cette propriété.

Les applications ressortent souvent de l'existence simultanée des deux aspects : fractalité et universalité. Le simple classement de phénomènes ou de structures en « classes d'universalité » (les systèmes non-linéaires, les interfaces naturelles, les phénomènes aléatoires et ceux qui s'autoamortissent) est un immense pas vers la réduction de l'effroyable complexité de ces

Une multitude d'utilisations

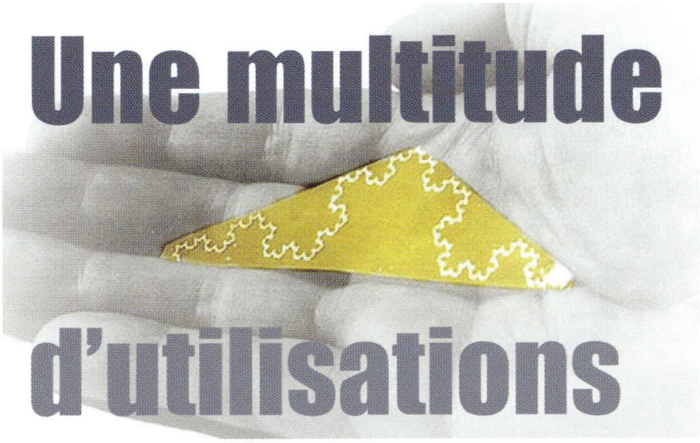

Antenne fractale

Finalement, les fractales sont partout.
Elles interviennent dans les phénomènes d'échanges à travers les interfaces naturelles.
Le concept a permis de modéliser certaines structures avec beaucoup de réalisme et donc de mieux comprendre les phénomènes naturels associés à ces structures. Ainsi, l'appareil respiratoire des mammifères a-t-il pu être appréhendé de façon plus entière. Il a pu être démontré que les poumons doivent être faits de bronches et que la structure fractale des alvéoles pulmonaires est la meilleure surface possible pour des échanges optimums oxygène/sang. Ensuite, ce même principe a pu être « copié » : électrodes poreuses pour la catalyse, batteries d'accumulateurs...
En astrophysique, la fractalité de la structure de l'univers a contribué à mieux saisir certains aspects de sa conformation, comme par exemple la répartition de la densité de matière.
La géophysique a elle aussi beaucoup profité de cette découverte : les côtes, les montagnes, les réseaux de failles géologiques sont le plus souvent fractals et leurs propriétés dépendent de leur forme (l'absorption de la lumière par les nuages, par exemple).
L'application des fractales à la percolation dans les sols joue un rôle essentiel dans l'industrie pétrolière – même si cette approche doit être complétée par des études plus traditionnelles – ; elle fournit également des modèles simples de réseau de failles ou de fractures et permet d'en étudier l'influence sur la dispersion des polluants dans le sol.
...

Les chimistes sont aujourd'hui capables de fabriquer des aérogels (gels ultra-légers) dont la structure microscopique est fractale ; ces aérogels ont un extraordinaire pouvoir d'isolation thermique, jusqu'à 100 fois supérieur à celui du verre classique par exemple.
Une application directe et très répandue du concept fractal est la compression d'images informatiques, qui assure un transfert de données rapide.
Mais s'il est un domaine où les fractales se sont illustrées par leur contribution, c'est incontestablement celui des phénomènes aléatoires. En effet, selon les mots de Bernard Sapoval, la géométrie fractale est « la géométrie du calcul des probabilités ». Le mouvement brownien, le phénomène de diffusion, la formation d'amas d'agrégation, les turbulences, les cours de la bourse, ou encore les bruits parasites dans les systèmes électroniques sont autant d'exemples de systèmes aléatoires dominés par leur caractère fractal : ici, le hasard est quantifié et partiellement maîtrisé.
R. A.

phénomènes. Cette géométrie est devenue l'outil indispensable à leur description et à leur compréhension. Elle constitue par conséquent le moyen de mieux contrôler ces phénomènes, voire de les exploiter.
L'une des applications les plus prometteuses est celle des antennes fractales, sujet développé en Espagne et aux USA. Il s'agit d'antennes multifréquences de petite taille dont l'application essentielle est le téléphone portable multi-bande.

On peut ne pas toujours comprendre pourquoi telle ou telle géométrie est fractale, ni en quoi sa « fractabilité » est pertinente et, néanmoins, trouver profit à utiliser cette propriété.

Tangente : Quels domaines avez-vous exploré à l'aide des fractales ?
Bernard Sapoval : J'ai travaillé sur les systèmes d'échanges à travers des surfaces irrégulières, comme des électrodes poreuses, les catalyseurs ou encore les poumons. Ainsi, nous avons trouvé la règle de construction de la morphologie des poumons des mammifères (voir encadré).
Par la suite, je me suis intéressé aux propriétés des résonateurs et de leur amortissement. On savait empiriquement que les structures irrégulières (et donc les fractales) sont de mauvais résonateurs, c'est-à-dire de bons amortisseurs des vibrations. Une idée me « travaillait » depuis longtemps. Les côtes, fractales, amortiraient bien les vagues : c'est pourquoi l'érosion que nous observons aujourd'hui semble s'être « stabilisée ». En effet, peut-être n'est-ce pas seulement la mer qui, comme on le pense, érode les côtes mais aussi les côtes qui, par leur forme, « affaiblissent » la mer ? C'est une hypothèse qu'on vient également de vérifier numériquement : l'érosion d'une côte cesse lorsque celle-ci devient une fractale de dimension exactement égale à 4/3 ! Encore un phénomène extraordinairement complexe qu'on peut exprimer avec une fraction aussi simple que 4/3 ou 7/4 !
Ces études m'ont conduit à m'intéresser aux résonateurs fractals et aux propriétés amortissantes des cavités acoustiques de géométrie fractale. C'est ainsi qu'en partenariat avec la société Colas, est né un nouveau type de mur routier anti-bruit extrêmement performant (voir l'article *Des fractales pour arrêter le bruit,* en deuxième partie).

Propos recueillis par **Raquel Azran**.

Des choux mathématiciens

Hybride récent du chou-fleur et du brocoli, le chou Romanesco ne cache pas sa nature fractale : autosimilarité et invariance des détails à toutes les échelles d'observation.

Le Romanesco a une forme conique sur laquelle s'enroule une spirale constituée de cônes sur lesquels s'enroule une spirale constituée de cônes sur lesquels…

En coupe, le brocoli Romanesco présente une branche principale porteuse de 10 à 15 branches secondaires présentant chacune la même arborescence régulière à échelle réduite.

On peut observer, à l'œil nu, une succession de 10 à 15 subdivisions ainsi enchassées.

N'hésitez pas, d'octobre à décembre, sur les marchés, à faire l'emplette de ce végétal fascinant et… d'une grande qualité gastronomique.

D. B.

 par Benoît Rittaud

La longueur des côtes

L'une des premières formes fractales repérées dans la nature a été celle de la côte de la Bretagne. C'est en se posant la question de la longueur de cette côte que sa nature fractale a été identifiée.

Il est des questions naïves qui recèlent parfois des vérités inattendues. On pense par exemple au fameux paradoxe d'Olbers, qui demande : « pourquoi la nuit est-elle noire ? » (Réponse : parce que les étoiles ne sont pas assez vieilles pour que la lumière émanant de celles qui sont loin nous soit encore parvenue). Dans un autre registre, en 1967, Benoît Mandelbrot fait paraître un article dans la prestigieuse revue *Science*, dont le titre sonne aussi comme une question d'enfant : « Quelle est donc la longueur de la côte de la Bretagne ? »

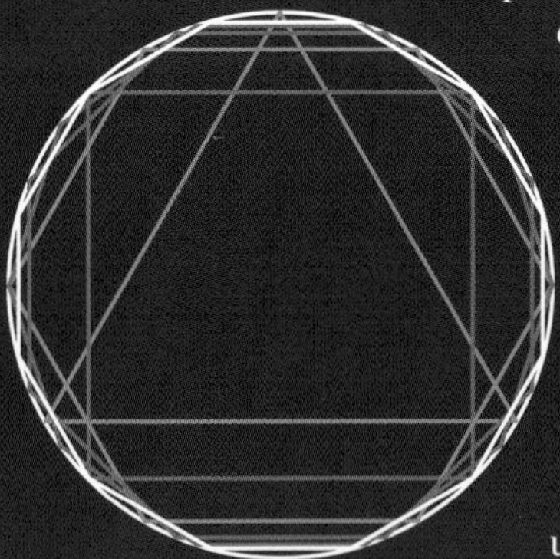

Pour donner sens à la question de la longueur d'une côte, il faut revenir à la notion même de longueur.

Des segments pour approcher une courbe

Cette question est faussement naïve : pour y répondre rigoureusement, il est en effet nécessaire de préciser ce qu'on appelle « longueur » d'une courbe. La définition mathématique qu'on en donne se base sur la seule courbe pour laquelle elle ne pose pas de problème : le segment de droite. Muni d'une règle graduée permettant de mesurer la longueur de n'importe quel segment, comment mesurer la longueur d'une courbe quelconque ? Si l'on prend le cas du cercle, on peut considérer que c'est Archimède qui a posé le cadre d'une définition satisfaisante : le périmètre d'un cercle est la limite des périmètres des polygones réguliers inscrits (ou exinscrits) dans ce cercle.

C'est grâce à cette idée qu'Archimède a pu donner une estimation de π restée célèbre : 22/7, soit environ 3,143.

Qu'il s'agisse d'un cercle ou d'une autre courbe, la notion de longueur se base sur l'idée de *ligne polygonale* : une

La côte sud-ouest de l'Irlande vue du satellite SPOT.

courbe C étant donnée, une ligne polygonale est un ensemble de segments mis bout à bout, où tous les bouts se trouvent sur la courbe C et « progressent » le long de C (pas de « retour en arrière »). On impose aussi à la première extrémité du premier segment et à la dernière du dernier de coïncider avec les extrêmités de la courbe C (éventuellement confondues, dans le cas d'une courbe qui se referme sur elle-même).

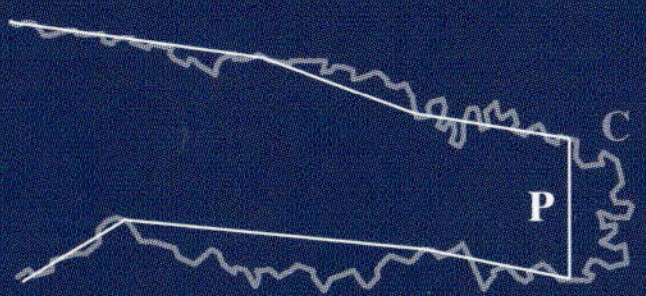

Il n'est pas difficile de donner sens à la longueur d'une ligne polygonale P : il suffit de faire la somme des longueurs des segments qui la constituent. Par ailleurs, on conçoit bien que, plus les segments de P sont petits, plus la ligne polygonale épouse bien les contours de C. On s'attend donc à ce que, à mesure que les segments constitutifs de P deviennent de plus en plus petits, la longueur de P s'approche d'une valeur limite correspondant à l'idée qu'on se fait de la longueur de la courbe C. Faire entrer cette intuition dans le champ des mathématiques rigoureuses n'est certes pas immédiat (il faut avoir recours au calcul infinitésimal), mais ça marche.

Définition masquée

Nous avons donc une définition valable, qui présente en plus l'avantage d'être constructive, au sens où elle fournit un moyen pratique de déterminer la longueur de n'importe quelle courbe avec une précision aussi bonne que souhaité. Toutes les formules donnant le périmètre des cercles, des ellipses et autres cycloïdes ne sont pas autre chose que l'application de cette définition, mais il faut bien dire que, très souvent, celle-ci est quelque peu enfouie sous des notations et des commodités de calcul car, pour les courbes « usuelles », on peut avoir recours à des calculs analytiques permettant d'obtenir des expressions exactes de la longueur cherchée (et non pas seulement des approximations).

Rendue la plupart du temps méconnaissable par les outils de l'analyse, la définition par les lignes polygonales peut prendre sa revanche avec la côte de la Bretagne : en effet, en l'absence de toute information spécifique sur une courbe, hors son tracé, le seul moyen d'espérer estimer sa longueur est de revenir à la définition première.

Un compas pour des segments

En pratique, plutôt que de prendre des lignes polygonales quelconques, on peut considérer des lignes constituées de segments de longueur l fixée (sauf le tout dernier segment, qui constitue un reliquat éventuellement plus petit que les autres). Le choix de l fixe une sorte d'étalon à la précision de la mesure, ainsi qu'une méthode opératoire pratique : pour estimer la longueur d'une courbe C à partir d'une ligne polygonale, il suffit de se munir d'un compas dont l'écartement est fixé à l et de reporter de proche en proche la longueur l sur C à l'aide du compas.

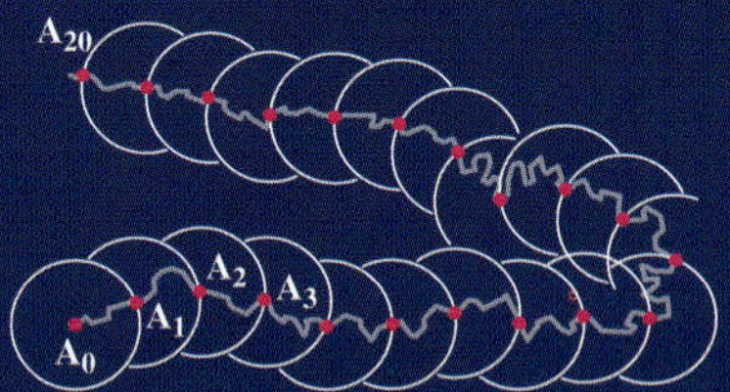

En prenant un écartement l du compas assez petit, on peut par exemple déterminer la circonférence d'un cercle avec une bonne précision, et en déduire une approximation de π. Que se passe-t-il alors si l'on applique ce procédé à la courbe dessinant le contours de la côte de la Grande Bretagne ? Benoît Mandelbrot a trouvé les résultats suivants (tableau en marge).

l (en km)	longueur de la ligne polygonale (en km)
500	2 600
100	3 800
54	5 570
17	8 640

Contrairement à ce qui se passe pour une courbe ordinaire, l'accroissement de la précision ne permet pas de s'approcher d'une valeur finale qui définirait la longueur de la côte de la Bretagne : plus l devient petit, plus la ligne polygonale se tortille dans les innombrables coins, recoins, creux et autres méandres... et plus la longueur s'accroît. Du point de vue mathématique, on serait tenté de dire que la longueur de la côte est infinie, comme dans le cas du flocon de neige de Von Koch (cf. page 7). Du point de vue pratique, ce n'est certes pas démontré, car rien n'interdit de penser que, lorsque l devient suffisamment petit, la longueur de la ligne polygonale finit par se stabiliser. Cependant, même si tel était le cas, il semble bien que l devrait être si petit que la valeur finalement trouvée, sans doute gigantesque, n'aurait pas un sens concret très clair. L'autosimilarité que l'on observe de façon spectaculaire sur les côtes de Grande Bretagne et de Bretagne rend en effet plus pertinent de les envisager comme des objets fractals.

Pourquoi fractal ?

Reste une question en suspens : quel peut bien être la cause d'une telle forme ? Une explication a été tout récemment proposée par une équipe de chercheurs franco-italienne regroupant Bernard Sapoval, Andrea Baldassarri et Andrea Gabrielli. Cette explication est la suivante : si l'on part d'une côte régulière, l'assaut régulier des vagues a tôt fait de la déformer en profondeur. Il se trouve qu'une forme fractale est efficace pour lutter contre les assauts des marées : ainsi, une côte qui n'est pas fractale se déformera encore et encore, dans une sorte d'évolution darwinienne, jusqu'à trouver enfin la forme qui lui permettra de rester stable.

B. R.

Vortex fractal

Vortex d'un ouragan

Vortex fractal

par Daniel Barthe

Conus fractalus

Un modèle fractal appliqué à un objet de la nature est toujours une approximation ; il indique la présence de structures détaillées et similaires sur un large spectre d'échelles. Les textures de certains coquillages de la familles des cônes proposent, en ce sens, de fascinants motifs fractals.

Conus lentiginosus

Il existe plus de 50 000 espèces recensées de coquillages. Les *cônes* appartiennent à la classe des *Gastropodes*, à la sous-famille des *Posobranchia*, à l'ordre des *Neogastropoda* et à la super-famille des *Conacea* qui regroupe les *Turridae*, les *Terebridae* et les *Conidae*. Les cônes sont carnivores. Ils paralysent leurs proies (vers de sable, mollusques) à l'aide d'un dard empoisonné éjecté par leur trompe (la composition chimique du venin est proche de celle du curare).

Les couleurs et textures des coquilles des 600 espèces de cônes sont extraordinairement variées, allant du nacre aux motifs fractals. Les modélisations mathématiques des pigmentations utilisent la théorie des automates cellulaires. Il n'est pas pas alors si étonnant de retrouver le triangle de Sierpinski en observant le *Conus Thalassiarchus*.

D. B.

Conus zonatus

Conus pennaceus

Oliva porphyria et sa modélisation mathématique (*Modeling seashells*, D.Fowler, H. Meinhardt et P. Prusinkiewicz)

ConusThalassiarchus

Conus acutangulus

Conus augur

Conus inscriptus

Conus leopardus

Conus scriptus

Conus Victoriae

Conus magnificus

Conus araneosus

Conus amadis

Conus caracteristicus

Conus australis

Conus lynceus

Conus epsicopatus

Conus nicobarius

Conus pyramidalis

Conus Aulicus

Conus geographus

Conus bullatis

Deux sites remarquables consacrés à la conchyliologie :
http://perso.wanadoo.fr/zonatus/index.html
http://www.chez.com/malacos/act.htm

Solutions

des jeux de la page 15

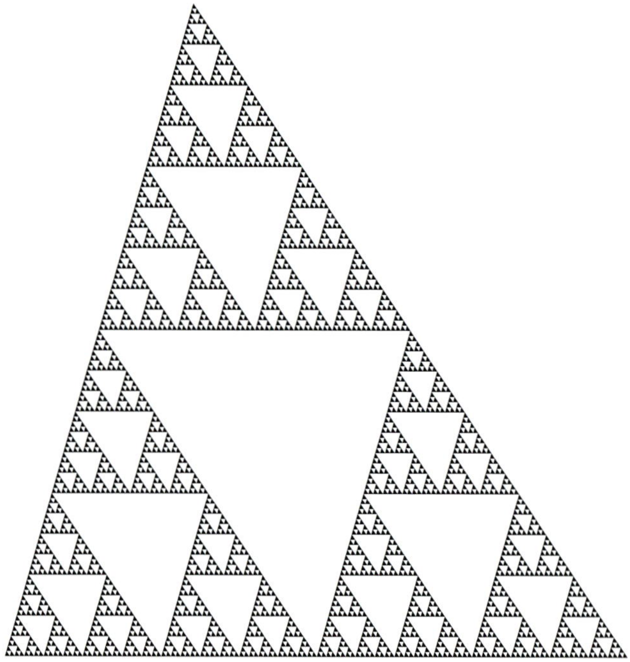

Jeu de dés

En fait, nous retrouvons le triangle de Sierpinski : l'une des plus simples fractales connues ! (Cf. l'article *Une idée qui a fait son chemin.*)

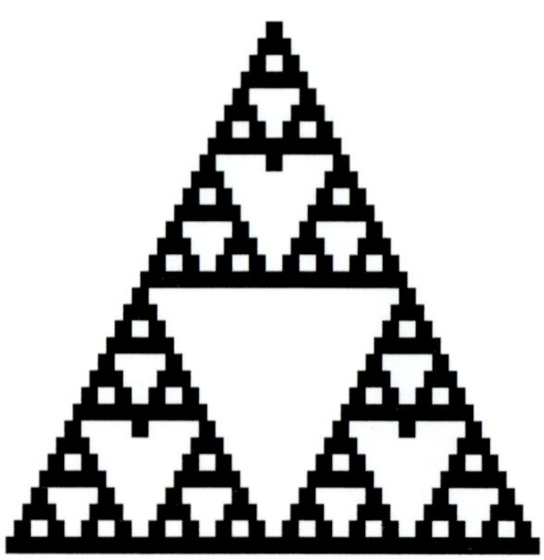

Le triangle de Pascal

1 • On l'obtient en écrivant dans chaque case la somme des chiffres inscrits dans les cases situés juste au dessus d'elle, avec le chiffre 1 dans la case du sommet.

2 •

$(a + b)^0 = 1$

$(a + b)^1 = 1a + 1b$

$(a + b)^2 = 1a^2 + 2ab + 1b^2$

$(a + b)^3 = 1a^3 + 3ab^2 + 3a^2b + 1b^3$

...

Si on écrit ces coefficients dans une pyramide, on retrouve le triangle de Pascal.

3 • La figure qui se dessine n'est autre que le triangle de Sierpinski.

Art fractal

J. Pollock. *Lavender Mist : Number 1*, 1950.

La technique fractale de Jackson Pollock

Jackson Pollock (1912-1956) est un des peintres majeurs de l'art américain du XXe siècle. Dans les tableaux abstraits de sa dernière période, il utilise la technique du "drip painting" : la peinture coule sur la toile posée sur le sol. Pollock parle ainsi de son travail : « Quand je suis dans mon tableau, je ne suis pas conscient de ce que je fais. C'est seulement après une espèce de temps de "prise de connaissance" que je vois ce que j'ai voulu faire. Je n'ai pas peur d'effectuer des changements, de détruire l'image, etc. parce qu'un tableau a sa vie propre. C'est seulement quand je perds le contact avec le tableau que le résultat est chaotique. Autrement, il y a harmonie totale, échange facile, et le tableau est réussi. » Dans un article récent, Taylor, Micolich et Jonas ont étudié la dimension fractale des œuvres de Pollock (une sorte de mesure du chaos que le peintre redoutait). Les premières toiles utilisant le "dripping" (1943) ont une dimension voisine de 1, celles des derniers grands tableaux (1952), une dimension allant de 1,5 à 1,7. Les mathématiques vont-elle faire intrusion dans la critique d'art ?

F. C.

Un art né dans la géométrie

Les fractales ont apporté une nouvelle forme de beauté. Plus que l'esthétique des images obtenues par ordinateur, il s'agit de la beauté du monde tel qu'il nous est apparu récemment : complexe et chaotique. L'art fractal témoigne de cette vision nouvelle.

Chaos fractal - L'impureté barbare de Carlos Ginzburg.

Il y a deux siècles, les grands mathématiciens Lagrange et Laplace se vantaient de l'absence d'images dans les mathématiques qu'ils construisaient. Durant tout le XIXe siècle et même une bonne partie du XXe, les « destructeurs d'images » dominaient les mathématiques et même d'autres sciences – la mécanique quantique est le triomphe d'algébristes. L'art avait alors peu de chance de naître des mathématiques !

La création par l'ordinateur

La nouvelle tendance géométrique résulte, entre autres, de l'irruption de l'ordinateur dans la recherche mathématique et de la remise à l'honneur de ce très vieil instrument qu'est notre œil. Il suffit d'entrer dans l'ordinateur quelques formules d'itération simples pour voir apparaître sur l'écran des images d'une extrême richesse. Tout le monde a déjà pu admirer celles des ensembles de Mandelbrot et de Julia. En général les avis sont unanimes : ces images sont très belles ! Pourtant, y a-t-il là réellement création artistique ? De même, lorsque l'on se sert de la géométrie fractale pour décrire le ciel et les

La géométrie fractale est venue ajouter de nombreux « caractères » nouveaux à cet alphabet dont Galilée parlait pour décrire la nature.

Jean-Paul Agosti explore le mythe du jardin d'Eden

nuages, la côte et le relief, produisant grâce à l'ordinateur des images de synthèse saisissantes de réalisme, peut-on vraiment parler d'œuvre d'art ?
C'est en tout cas ce que fait Benoît Mandelbrot, dans son ouvrage *Les objets fractals*. Dans sa troisième édition en 1990, il parle longuement du caractère purement esthétique des images fractales. Il distingue trois étapes dans le développement de ce qu'il appelle déjà un art.
L'étape « héroïque » vers 1975, avec les premiers objets géométriques fractals à la beauté incontournable, surprenante et ambiguë. Il pense alors sans doute aux courbes de Von Koch mais aussi aux ensembles de Julia.
L'étape « classique », vers 1980, voit l'apparition des images de synthèse : lever de planète, montagnes, coucher de soleil, paysages urbains…
Enfin, dix ans plus tard, avec les progrès de l'infographie et la maîtrise de la couleur, Mandelbrot parle d'une étape « romantique ».
En visitant le site de Jean-François Colonna (http://www.lactamme.polytechnique.fr), vous trouverez des dizaines images aux qualités esthétiques bien réelles.

Libérés la vision euclidienne, nous devons concevoir notre monde tel qu'il est : chaotique et complexe, à la fois unique et multiple.

Homo fractalus de Carlos Ginzburg.

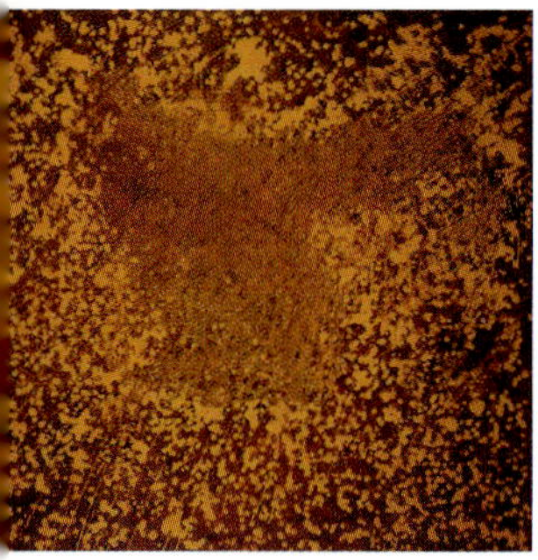

Jaune Cobalt de Edward Berko.

Une nouvelle vision du monde

Sûrement, la géométrie fractale est venue ajouter de nombreux « caractères » nouveaux à cet alphabet dont Galilée parlait pour décrire la nature. Tout au long du XXe siècle, notre conception du monde a évolué. Celle-ci avait longtemps été dominée par la géométrie euclidienne, avec ses lignes droites, ses carrés, cercles ou triangles. Nous étions attachés depuis notre petite enfance à sa simple élégance comme à une promesse de maîtrise des connaissances. Mandelbrot, en nous donnant les moyens de décrire nuages, rivières, étoiles et galaxies, mais aussi, souvenirs, satellites, réseaux routiers, formes de prolifération… par les fractales, nous a ouvert d'autres voies pour l'observation du monde.

Ce monde désormais riche en détails, en formes mystérieuses, en fourmillement de motifs, en mouvement, était un champ d'inspirations nouvelles. Parallèlement à cela, de déterministe, l'univers est devenu à la fois ordre, désordre et organisation.
À partir de ces trois notions inséparables, il fallait apprendre à concevoir notre monde tel qu'il est : chaotique et complexe, à la fois unique et multiple.

Branches et arborescences sont au centre de l'oeuvre de Jean-Paul Agosti.

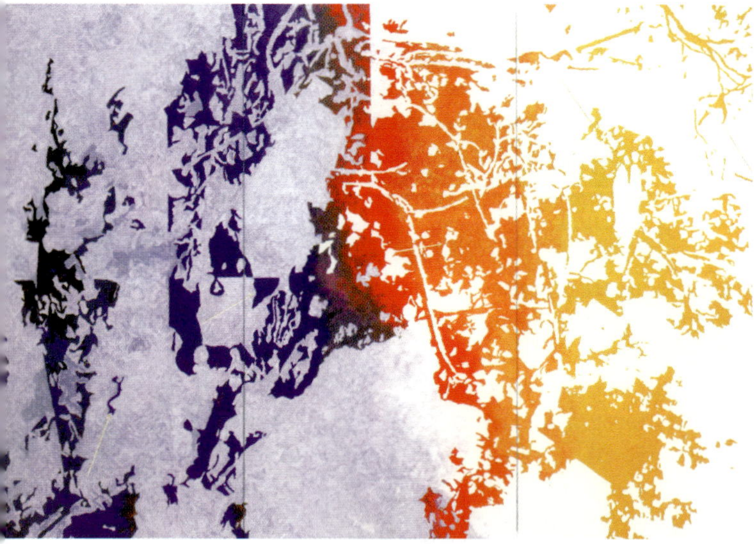

Naissance de l'art fractal

Les arts, en résonance avec la vision de leur époque, cherchent à la traduire parfois même à l'annoncer. Ainsi les images fractales, les paysages virtuels ont-ils été le point de départ de tout un mouvement artistique. Dans les années 80, alors que toutes ces images n'étaient encore que la traduction d'un simple concept mathématique, un noyau d'artistes, Jean Paul Agosti, Edward Berko, Carlos Ginzburg, Jim Long, pour ne citer qu'eux, autour de Suzanne Condé, ont commencé à explorer la possibilité d'une évolution et d'une réelle existence de l'*art fractal*.
L'art fractal dépasse l'intégration artistique des ensembles de Mandelbrot ou des courbes de Von Koch pour opérer un changement de perspective. Ces artistes réalisent que la fractalité existe partout. Autour de nous, en nous mais aussi dans de nombreuses œuvres prémonitoires :

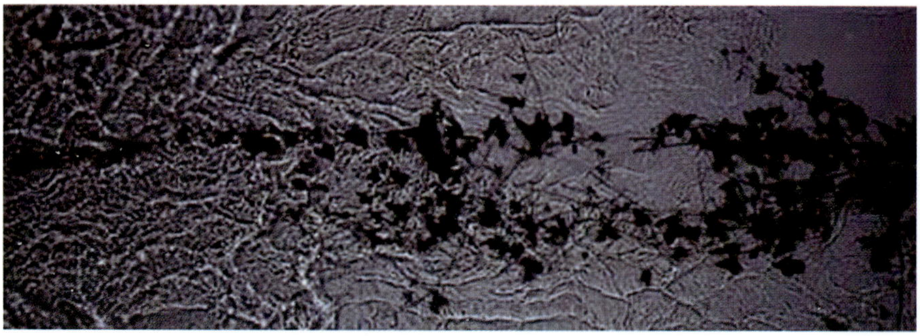

River Taw Series de Susan Derges.

des temples indiens aux fugues de Bach en passant par des œuvres de Vinci ou de Klein, Escher…on peut la trouver.
Ce qui frappe dans une œuvre fractale c'est la densité des éléments, la « saturation de l'espace ». L'image, sous un chaos d'informations visuelles, se dérobe. Sous ce chaos, l'œil est à la recherche d'une forme, d'une échelle pour mettre un peu d'ordre dans cette prolifération, il veut trouver le fil d'Ariane conducteur pour comprendre. Les choses ne sont pas si simples car, dans une œuvre fractale, loin de la géométrie euclidienne, il n'y a pas de premier plan, d'arrière plan, tout y est en même temps. Cet art place l'œuvre entre le hasard et l'ordre. Le moteur du processus créatif est le conflit entre l'irrationnel et le rationnel. « Chaque détail en construit la totalité », dit Susan Condé dans son remarquable ouvrage, *La fractalité dans l'art contemporain*, publié aux éditions de *La Différence*. L'autosimilarité est le lien entre détail et totalité : où que le regard s'arrête, il a l'impression de voir la totalité. La technique du zoom caractérise donc une œuvre fractale. Le détail, agissant comme une expérience autosimilaire, renvoie vers l'infini. L'œuvre fractale est vraiment un objet infini qui se prête à mille lectures.

Les peintres fractalistes

Un trop rapide tour d'horizon des artistes contemporains qui ont travaillé dans ce domaine nous laisse à la fois éblouis et rêveurs devant tant de potentialité. Des amitiés se sont nouées entre Paris et New York, des débats d'idées se sont échangés dans des cafés et des colloques, des expositions sont là pour que les images se montrent, évoluent, s'échangent…
Edward Berko fait entrer dans sa peinture sombre et crue, l'idée de symétrie brisée. Il peint sur le bois, plus rigide que la toile et donc mieux amène à traduire la brutalité avec laquelle il exprime ses émotions.
Dès les années 70, Carlos Ginzburg a commencé à explorer les possibilités de la géométrie fractale. Il a joué le rôle de passeur entre les différents artistes du mouvement. La complexité de sa peinture veut traduire l'hétérogénéité de la réalité. Ordre, désordre, interaction, auto-organisation sont au cœur de son œuvre car, pour lui, elles sont au centre des réalités humaines.
Le peintre new-yorkais Jim Long a découvert la fractalité en découvrant l'aléatoire et en observant par exemple les différentes couches de peinture ou de sel séchés. Ses étranges dessins d'animaux apparaissent et disparaissent dans des ombres autosimilaires.
Jean Paul Agosti a rencontré et correspondu avec Mandelbrot pour développer son intérêt pour l'art fractal. L'arbre essentiellement, mais aussi la beauté de la nature entre ciel et terre sont les axes de son travail qui renvoie aux grands thèmes mytholo-

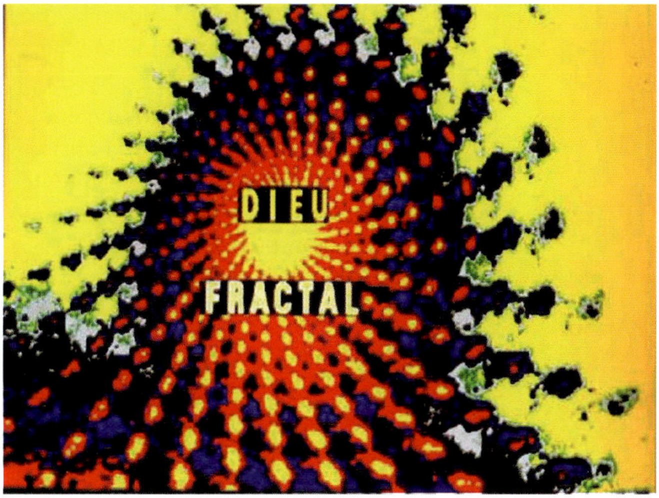

***Dieu fractal* de Carlos Ginzburg.**

L'œuvre fractale est un objet infini qui se prête à mille lectures.

giques du Jardin et de l'Eden.
La peinture de Jean-Claude Meynard, enfin, entre puzzle et labyrinthe, apparait comme un aboutissement de l'art fractal. L'image est là, brisée, fissurée, déformée, lue à différentes échelles et se répétant à l'infini, unie dans une autosimilarité savamment calculée.

En étudiant toutes ces œuvres, on se heurte à l'impossibilité de définir une technique qui s'applique à tous. Chaque artiste aborde la fractalité avec ses propres moyens et ses propres motivations. Mais tous apportent la preuve que l'art fractal est un mouvement incessant autour d'une matière en formation qui cherche à exprimer la fluidité et l'irrégularité du monde.
Dégagé de la simple duplication des images scientifiques fractales produites par l'ordinateur, l'art fractal se construit par référence à l'ensemble des concepts qui définissent la complexité du monde, entre détail et globalité, entre déterminisme et imprévisibilité, entre symétrie brisée et autosimilarité.
Laissons la conclusion de ces quelques réflexions sur l'art fractal à Susan Condé qui nous dit si joliment que « *l'ordre danse avec le désordre dans la poésie de l'art* ».

M.-J. P.

L'ordre danse avec le désordre dans la poésie de l'art.

Jean-Claude Meynard, entre puzzle et labyrinthe.

par Daniel Barthe

Les dessins Kolam

Inde. Bouse de vache et poudre de riz : le support et le vecteur. Le rituel se perpétue depuis des millénaires. Chaque matin, les femmes de la province de Tamil Nadu tracent des figures géométriques sur le seuil de leur maison. La bouse afin de purifier la terre, la poudre en signe d'offrande à la déesse Lakshmî et le dessin comme gage de chance et de prospérité. Les figures Kolam, en général symétriques, allient beauté et complexité. L'une d'entre elle est particulièrement intéressante : le Kolam du serpent, réprésenté ci-dessous.

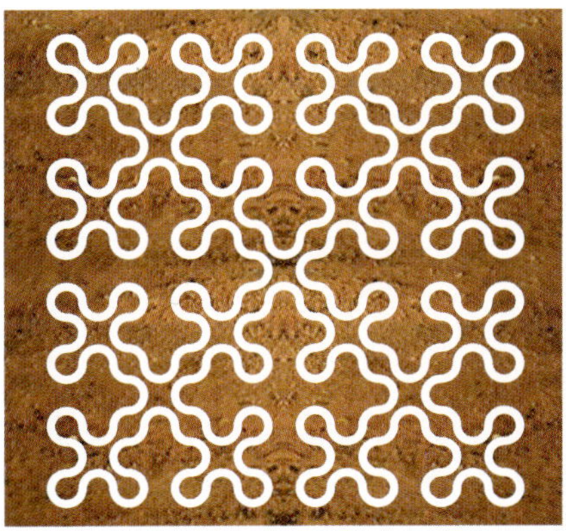

Cette figure est la quatrième étape dans la construction de la courbe de Sierpinski dont la dimension fractale est 2 (elle remplit un carré !). La courbe de Sierpinski se décrit comme le L-système défini par l'axiome A et la règle de substitution :

A → A + F + A – – F – – A + F + A

où :

A =  et F = | .

+ X signifie que la figure X a été tournée de 45 ° dans le sens des aiguilles d'une montre et – X, qu'elle a été tournée de 45 ° dans l'autre sens.

Les courbes de Sierpinski approchées se distinguent des autres courbes qui remplissent un carré (Césaro, Peano, ...) par le fait qu'elles sont sans point double (autrement dit, elles ne se recoupent pas).

D. B.

par Francis Casiro

Les dentelles de Sierpinski

Dans son article de 1915, «Sur une courbe dont tout point est un point de ramification», le mathématicien polonais Warclaw Sierpinski découvre et étudie un fractal... imaginé par le peintre Albrecht Dürer en 1520.

Warclaw Sierpinski (1882-1969).

La construction du pentagone de Sierpinski est simple : on place à l'intérieur d'un pentagone régulier P(0), cinq de ses copies réduites de telle sorte que chacune des répliques s'ajustent parfaitement dans un angle du pentagone initial et partage un sommet avec deux de ses semblables. On note P(1) la réunion de ces cinq petits pentagones. On répète la construction précédente pour chacun des pentagones de P(1). Le processus ainsi enclenché peut se poursuivre indéfiniment. La figure "limite" qui en résulte est le pentagone de Sierpinski.

La figure ci-dessous illustre les cinq premières étapes de cette construction.

Le pentagone de Sierpinski est donc l'attracteur de l'IFS constitué d'une homothétie et de quatre translations composées avec cette homothétie.

On a ainsi cinq similitudes de même rapport r donné par :

$$r = \frac{3 - \sqrt{5}}{2}.$$

La dimension fractale d du pentagone de Sierpinski est donc la solution de : $5r^d = 1$,

$$\text{soit } d = \frac{\ln(1/5)}{\ln r} \approx 1{,}67228.$$

Le principe de construction des dentelles de Sierpinski est le même que celui des célàbres tamis, tapis et éponge du même auteur.

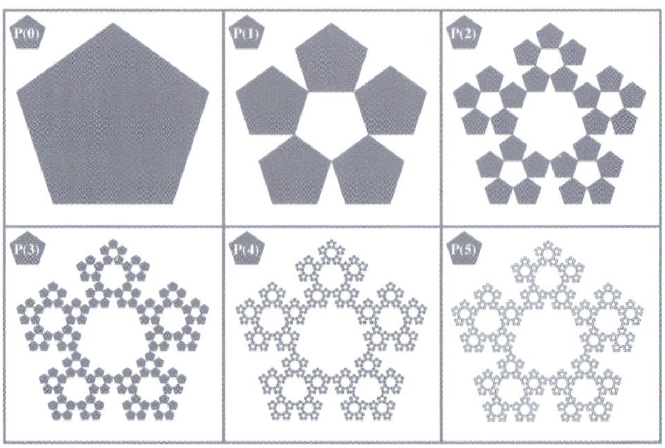

Le pentagone de Dürer

Auto-portrait à l'âge de 26 ans, d'A. Dürer (1498). Musée du Prado, Madrid.

L'illustre peintre et graveur Albrecht Dürer (1471-1528) écrit dans son manuel de géométrie, publié à compte d'auteur en 1925 et intitulé *Instructions pour la mesure, à la règle et au compas, des lignes, plans et corps solides* :

« Vous pouvez combiner des pentagones de la manière suivante : premièrement, tracer un pentagone et placer des pentagones de la même taille sur chacun de ses côtés. Placer ensuite cinq nouveaux pentagones afin qu'ils s'emboîtent sur deux côtés. Il en résultera la formation de cinq losanges étroits. Ajouter alors des pentagones dans les angles de sorte qu'ils touchent les losanges en un sommet. Vous pouvez continuer de cette manière aussi longtemps qu'il vous plaira ».

On voit, aisément, que la construction proposée par Dürer ne diffère de celle de Sierpinski que par la présence d'un sixième pentagone central (voir figure ci-contre).

Les *n*-gones de Sierpinski

Il est loisible de remplacer dans la construction précédente le pentagone par un polygone régulier de n côtés. La seule difficulté est bien entendu de trouver le rapport de réduction r_n permettant aux n polygones de l'étape suivante de s'emboîter parfaitement dans le polygone initial (voir en marge).

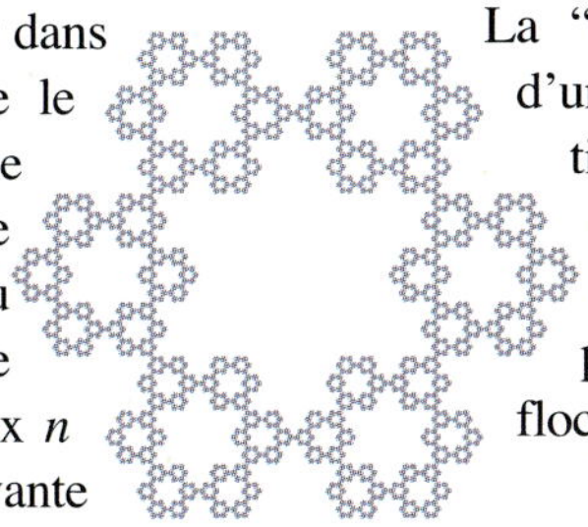

La "dentelle" obtenue à partir d'un hexagone régulier est particulièrement attrayante ; sa dimension fractale est égale à ln 6/ln 3 et le jour de sa partie centrale délimite un flocon de von Koch.

F. C.

Le rapport r_n des homothéties associées aux n-gones de Sierpinski est donné par :

$$r_n = \frac{1}{2\sum_{k=0}^{[n/4]} \cos\frac{2k\pi}{n}}.$$

Le visage de la guerre de Dali

Salvador Dali a représenté dans le *Visage de la guerre* une mise en abîme effrayante dont la nature fractale est évidente. Chaque tête de squelette est la réplique du visage principal et participe à l'impression de mort infinie.

***Auto-portrait avec apparition de Gala*, 1962.**

Ne craignez pas la perfection, vous n'y parviendrez jamais.
S. Dali

« Les deux principaux moteurs énergétiques qui font fonctionner l'artistique et exceptionnel cerveau de Salvador Dali sont, premièrement, la libido ou instinct sexuel, et secondement, l'angoisse de la mort. Pas une seule seconde de ma vie ne se passe sans que le spectre de la mort de la Sublime et Apostolique Église Romaine ne m'accompagne, même dans les moments les moins insignes de mes plus subtiles et capricieuses fantaisies. »

L'homme qui parle ainsi est bien entendu Salvador Dali, peintre et poète, surréaliste et inventeur de la "méthode paranoïa-critique", provocateur et classique, clown et génie. « Il ne faut pas que le public sache si je rigole ou si je suis sérieux, de même il ne faut pas que je le sache moi-même ».

Comprendre Dali s'avère difficile. Dans le *Journal d'un génie*, il avoue : « La loufoquerie chez moi peut être substantielle et la substance la plus profonde, pure blague. Je suis dans cette constante interrogation : je ne sais quand je commence à simuler ou quand je dis la vérité. »

Analyser son œuvre est tout aussi problématique. « Comment voulez-vous que mes ennemis, mes amis et le public en général comprennent la signification des images qui surgissent et que je transcris dans mes tableaux, quand moi-même, qui suis celui qui les "fait", je ne les comprends pas non plus ? ».

Peintre de la guerre

Libido et angoisse de la mort, Eros et Thanatos sont la substance de l'œuvre. Dali ne plaisante pas. « Peintre des paroxysmes viscéraux, six mois avant la guerre d'Espagne, je terminais *Prémonition de la guerre civile espagnole, garnie avec des haricots secs bouillis*, où un grand corps humain, grouillant de bras et de jambes, s'étrangle mutuellement dans le délire. » C'est à nouveau le thème de la guerre d'Espagne qui préside dans *Le visage de la guerre*, œuvre réalisée en 1940, lors d'un séjour du peintre en Californie. L'image est la superposition de deux idées : celle de la mort symbolisée par le crane dans un paysage désertique et celle de l'infini, illustrée par

Dimension du *Visage de la guerre*

Pour calculer la dimension fractale d'un compact K du plan, on peut recouvrir le plan d'une grille formée de carrés de côté de longueur $1/2^n$ et compter le nombre $N_n(K)$ de carrés coupant K.
Si la limite

$$\lim_{n \to +\infty} \frac{\ln(N_n(K))}{\ln(2^n)}$$

existe, alors sa valeur d est la dimension fractale de K.
Si, en première approximation, on assimile grossièrement l'œuvre de Dali en un emboîtement d'ellipses comme représenté sur la figure ci-contre, on trouve une dimension fratale voisine de 0,705. La mort illustrée par Dali appartient donc à la famille des poussières de Cantor.

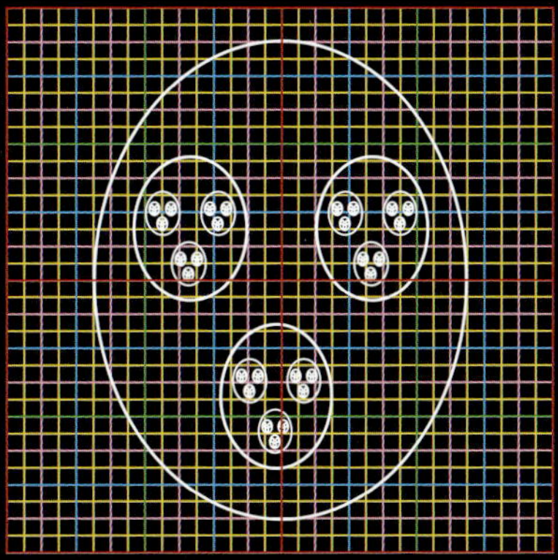

'emboîtement propre aux poupées russes. L'impression d'angoisse résultant de cette mise en abîme caractéristique des fractals est accentuée par les tonalités d'ocre et de brun. *Le visage de la guerre* est bien un objet fractal qui, curieusement appartient à la famille des poussières de Cantor (voir encadré). C'est aussi la seule peinture de Dali portant l'empreinte de sa main (coin inférieur droit du tableau).

D. B.

***Le visage de la guerre*, 1940, Museum Boymans-van Beuningen, Rotterdam.**

 par Alain Zalmanski

Les scintillements de Richard Voss

Platon pensait que les Beaux-Arts, dont la musique, imitaient la nature. Ce sentiment, exact dans certaines branches des arts plastiques où le figuratif domine, est loin d'être évident pour la musique instrumentale, surtout lorsque c'est le chaos que l'on veut représenter

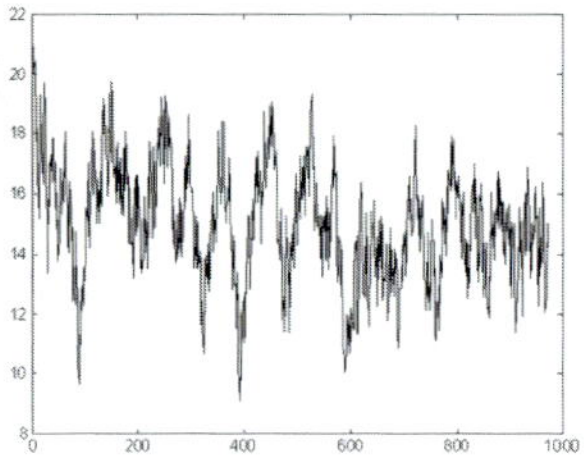

Représentation graphique d'une musique en 1/f.

C'est une fois de plus Martin Gardner qui a « vulgarisé » la relation entre fractales et musique dans un de ses articles paru dans *Scientific American*, article traduit dans *Le monde Mathématique de Martin Garner*, Belin 1986.

L'américain Richard Voss a publié les premiers travaux du genre en 1976. Grâce à l'informatique et aux synthétiseurs, il compose des musiques *blanches*, purement aléatoires,– et insipides – des musiques *browniennes* pour lesquelles chaque tirage de notes conserve la mémoire du tirage précédent, effectuant une sorte de choix relatif. Le résultat n'est guère plus mélodieux que la musique blanche, titubant du grave à l'aigu sans cohérence.

Un moyen terme consiste à utiliser des sons en $1/f^n$, fonctions dont les variations connues dans le domaine spectral ont été une des bases de la définition des objets fractals par Mandelbrot. On rencontre cette fonction dans nombre de phénomènes naturels.

La musique est l'âme de la géométrie.
Paul Claudel

Voss comme d'autres des musiciens et acousticiens ont choisi de sortir des musiques purement aléatoires pour aborder des séquences dans lesquelles chaque note était fonction de notes précédentes, choix pouvant être pondéré selon des critères de fréquence d'apparition ou de hauteur de son et ce sur des séquences beaucoup plus longues que pour la musique blanche ou brownienne. On aboutit à une musique aux fragments moins corrélés que d'aucuns trouvent plus agréable et « scintillante » (en acoustique le bruit en $1/f$ est parfois appelé bruit de scintillement !)

Le mérite de Voss a été de concevoir une génération astucieuse de musique en $1/f$.

Il se sert de trois dés de couleurs différentes, rouge, vert et bleu et 16 notes contiguës, noires ou blanches sur un piano, numérotées de 3 à 18.

	Bleu	Vert	Rouge
0	0	0	0
1	0	0	1
2	0	1	0
3	0	1	1
4	1	0	0
5	1	0	1
6	1	1	0
7	1	1	1

Ensuite on construit un tableau dans lequel les huit premiers chiffres en numérotation binaire sont associés la couleur des dés.

Cette notation va déterminer la manière dont s'effectuera le tirage des notes. La première note de la mélodie est obtenue par le lancement des trois dés : c'est la note qui correspond à la somme obtenue en additionnant les chiffres apparaissant sur les trois faces. On remarque que lors du passage de 000 à 001 seul le chiffre « rouge » change. On laisse les dés verts et bleus en place pour qu'ils indiquent toujours les chiffres du jet précédent. On lance le dé rouge et la nouvelle somme des trois dés donne la seconde note de la composition.
Dans le passage suivant de 001 à zéro 010 le dé vert et le dé rouge changent tous les deux. On les lance donc en laissant le bleu en place. La somme des trois dés donne la troisième note. La quatrième note est obtenue par le jet du dé rouge, la cinquième par le jet des trois dés. Vous aurez compris que l'on ne lance que les dés qui correspondent au changement de chiffre en notation binaire.
Informatiser cet algorithme simple, augmenter le nombre de dés pour passer à de plus longues mélodies, utiliser des dés octa ou dodécaédriques, furent ensuite des ouvertures pour les compositeurs souhaitant sortir de la musique stochastique.

Œuvres fractales

Quelques œuvres expérimentales restées souvent inédites, ont été créées par des compositeurs électroacousticiens. Signalons, par exemple, *Fractals*, études inédites composées par Bernard Fort vers 1980, *Teawaroa*, ballet » fractal » de 12 minutes de Hugh McDowell en 1990, ou encore, à la même époque, les musiques « fractales » purement informatique de Chris Sansom ou Godric Wilkie On peut cependant s'interroger sur sur l'esthétique apportée en musique par ces tentatives d'implication des autoimbrications qui n'ont parfois de fractales que le nom.
Seules les expériences musicales de Richard F. Voss et de ses émules conduisent à une musique pouvant être qualifiée de fractale, c'est-à-dire fondée sur des algorithmes à boucles récursives, utilisant l'appoint éventuel d'attracteurs étranges.
Mais ces expériences musicales paraissent cependant beaucoup moins intéressantes d'un point de vue artistique, que les transpositions relatives à l'art graphique, remarquablement esthétiques en général.

A. Z.

Jean-Sébastien Bach faisait-il de la musique fractale avant l'heure ? Dans ses *Contrepoints*, il utilise le principe du canon, avec une phrase musicale chantée par une première voix, puis par une deuxième voix identique mais décalée dans le temps, puis une troisième non seulement décalée par rapport à la deuxième mais plus basse, et ainsi de suite. On retrouve donc l'idée de répétition d'un même motif chère aux fractals, même si on note que la dimension aléatoire n'apparaît pas ici. Bach a également utilisé le *canon par augmentation*. Dans le premier, la phrase musicale est reprise par les voix successives en doublant à chaque fois les durées : les croches deviennent des noires, les noires des blanches... On peut y voir, mais inversé, un processus fractal de construction.

Katsushika Hokusai

Maître de l'estampe japonaise, Katsushika Hokusai a rendu, dans de nombreuses gravures, différents aspects fractals de la nature, avec une rare acuité et une admirable simplicité.

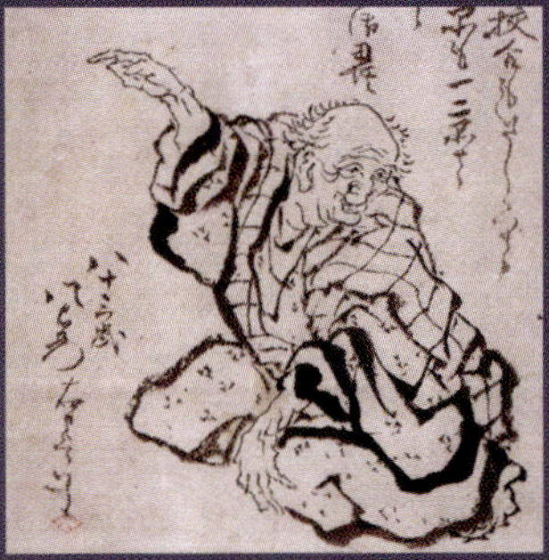

Katsushika Hokusai. *Autoportrait* à l'âge de 83 ans

***À cent dix ans, chaque point, chaque ligne que je tracerai vibrera de vie.* Hokusai à l'âge de 83 ans.**

Un jour de l'ère Bunsei, un gentilhomme visita Hokusai et passa commande d'un dessin de son oiseau favori. « Laissez-moi l'oiseau et revenez dans une semaine », dit Hokusai. Se languissant de son bel animal, le gentilhomme fut fort désappointé quand, de retour dans l'atelier, le peintre exigea un délai supplémentaire de quinze jours. L'attente se prolongea. Deux mois passèrent. L'impatience du commanditaire se heurtait à l'intransigeance de l'artiste. « À la prochaine lune, peut-être », répondait Hokusai. Au bout d'un an, le gentilhomme investit la demeure du peintre. « Vos atermoiements m'insupportent, fulmina-t-il, rendez-moi l'oiseau et livrez-moi le dessin ». Hokusai s'inclina avec déférence, puis s'assit à sa table de travail, prit une feuille de papier de riz, et en quelques coups de pinceau, traça, sans le plus insoupçonnable effort, une merveille d'oiseau. Le propriétaire de l'oiseau se figea, muet d'admiration. Puis la colère le submergea. « Pourquoi m'avez-vous fait attendre un an », cria-t-il, « alors que quelques instants vous suffisaient pour exécuter ce dessin ? « Vous ne comprenez pas », répliqua Hokusai. Il escorta le gentilhomme jusqu'à une pièce dont les murs étaient recouverts d'une multitude d'esquisses de l'oiseau. Aucun des dessins affichés n'atteignaient, néanmoins, l'élégance et la beauté de l'ultime tentative.

Cette anecdote, très certainement apocryphe, illustre à l'envi la prolifique carrière de Hokusai dont la période des chefs-d'œuvre coïncide avec le dernier tiers de sa vie.

Détail de la peinture "Le dragon de fumée s'échappant du Mont Fuji".

La grande vague au large de Kanawaga, **signée Hokusai aratame Iitsu hitsu, 1830.**
© The Metropolitan Museum of Art, New York.

Le monde flottant

Les premières estampes japonaises connues sous le nom de *Ukiyo-e* (images du monde flottant) datent du début du XVIIe siècle. Ces œuvres, reproduites à des dizaines de milliers d'exemplaires connurent un immense succès populaire. Les deux plus éminents représentants de l'*Ukiyo-e* furent Ando Hiroshige (1797-1858) et Katsusshika Hokusai (1760-1849). La fabrication d'une estampe passait par trois étapes : dessin par l'artiste, transposition de l'image sur des blocs de bois par le graveur, encrage et tirage par l'imprimeur. L'année 1764 voit apparaître la première impression polychrome.

Le soin plus ou moins grand apporté à l'apposition des différents blocs, chacun porteur d'une couleur, la qualité fluctuante des encres, l'usure des blocs de bois au fil des réimpressions impliquaient des variations parfois étonnantes, souvent calamiteuses dans la reproduction d'une même œuvre.

Le succès de l'*Ukiyo-e* gagna l'Europe à la fin du XIXe siècle et les estampes signées Hokusai ou Hiroshige eurent une influence notoire sur la naissance du mouvement impressionniste en France.

La grande vague

Vers l'année 1830, Hokusai décide de se lancer dans un grand projet qu'il intitulera *Les trente-six vues du Mont Fuji*. Il écrit : « Vers l'âge de cinquante ans, j'avais publié une infinité de dessins,

***Mer déchaînée au large de Choshi*, (Hokusai, 1833)**, L'écume au-dessus des vagues dessinent une magnifique "île quadratique de Koch".

Détails du *Fantôme de de Kohada Koheiji*, (Hokusai, 1830), illustration d'un livre intitulé "Une centaine d'histoires".Les lignes du crâne évoquent assurément la courbe de von Koch.

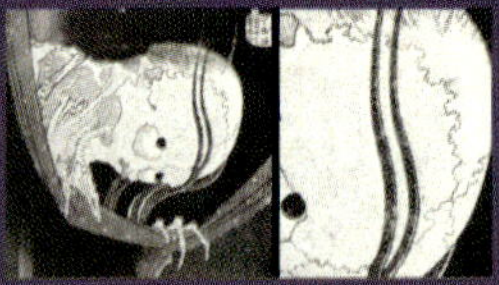

mais tout ce que j'ai produit avant l'âge de soixante-dix ans ne vaut pas la peine d'être pris en compte ».

Cette série de grandes estampes inaugure le dernière manière d'Hokusai, celle des chef-d'œuvres de la maturité. *La grande vague au large de Kanawaga* est l'acmé de cette série. Elle magnifie un lieu commun : la petitesse de l'homme face aux forces écrasantes de la nature. La vague du premier plan épouse les formes du Mont Fuji qui se détache au bout de la perspective dans le troisième plan. La vague déferlante qui occupe le second plan est remarquable. Construite de manière fractale, chaque vaguelette qui la compose est un miroir de sa globalité. La richesse des détails à toute échelle est suggérée avec une remarquable économie de moyens. Cette vague menaçante, immense griffe armée de milliers de griffes réduites, s'oppose à la pure géométrie des courbes du Mont Fuji et des profils des barques.

Le fou de peinture

Hokusai écrit dans sa brève biographie : « C'est à l'âge de soixante-treize ans que j'ai commencé à comprendre un peu la croissance des plantes et des arbres et la structure des oiseaux, des animaux, des insectes et des poissons ». Il ajoute, un peu plus loin : « À l'âge de quatre-vingt six ans, j'aurai encore fait plus de progrès et à quatre-vingt dix ans je pénétrerai le mystère des choses. À cent ans, j'aurai décidément atteint un niveau merveilleux, et à cent-dix ans, chaque point, chaque ligne que je tracerai vibrera de vie ».

Celui qui se surnommait "le peintre fou" mourut à l'âge de quatre-vingt-dix ans, laissant une œuvre comportant plus de 30 000 pièces. Ces derniers mots sur son lit de mort furent : « Que le ciel me donne encore dix années à vivre, ou seulement cinq, peut-être, pour devenir un grand peintre, peut-être… ».

D. B

Fractales déterministes

Il y a deux ou trois choses que nous savons tous des objets fractals : ils possèdent des parties semblables au tout, on peut les découper en morceaux bien choisis permettant de reconstituer tous les autres morceaux, etc. Grâce à ces caractéristiques, on parvient à construire simplement des objets aux propriétés étonnantes.

 par Robert Ferréol

Construire des fractals grâce aux AFC

Beaucoup d'objets naturels possèdent des parties semblables au tout : une fleur de chou-fleur est un chou-fleur en réduction, une branche d'arbre est un arbre miniature, etc. C'est cette remarque fondamentale qui va nous permettre de construire des objets fractals par une méthode simple due à J. E. Hutchinson (1970) et perfectionnée par Michael Barnsley.

L'éponge de Menger-Sierpinski.

Considérons un objet A qui est réunion d'objets plus petits $A_1, A_2, \ldots, A_p$ qui sont chacun des « réductions » de A. Formalisons les choses en disant qu'il existe des transformations $f_1, f_2, \ldots, f_p$ de l'espace dans lui-même qui transforment successivement A en $A_1, A_2, \ldots, A_p$.
Comme
$A = f_1(A) \cup f_2(A) \cup \ldots \cup f_p(A)$,
on peut écrire :
$A_1 = f_1(A)$
$= g_1(A_1) \cup g_2(A_1) \cup \ldots \cup g_p(A_1)$
où $g_i = f_1 \circ f_i \circ f_1^{-1}$.
Autrement dit, les p objets $A_1, A_2, \ldots, A_p$ sont eux-mêmes réunions chacun de p objets réduits et ainsi de suite à l'infini. On retrouve ici la propriété de zoom des fractals : plus on zoome, et plus c'est pareil.

Même dans des cas très simples, l'attracteur d'une famille de contractions peut être fort complexe, et parfois très beau.

Poussons un peu plus la formalisation : considérons p transformations d'un espace euclidien E ($\mathbb{R}^n$ pour simplifier) dans lui-même $f_1, f_2, \ldots, f_p$ et associons-leur la transformation f de l'ensemble des parties de E dans lui-même (autrement dit ce que nous avons appelé plus haut les objets) définie par :
$f(A) = f_1(A) \cup f_2(A) \cup \ldots \cup f_p(A)$.
L'objet que nous recherchons doit tout simplement vérifier $f(A) = A$, autrement dit être un point fixe de f.
Il existe en mathématiques de nombreux théorèmes dits « du point fixe », qui énoncent sous certaines conditions l'existence et/ou l'unicité d'un point fixe pour certaines transformations. L'un d'entre eux, dont l'énoncé précis se trouve dans tous les bons cours de spéciales, énonce que si l'espace est *complet*, et la transformation *contractante* (c'est-à-dire qu'elle réduit les distances), il y a toujours un point fixe unique et que de plus, en partant d'un élément quel-

conque et en itérant la transformation, on converge toujours vers ce point fixe. Ce théorème s'applique magnifiquement ici.

Si les p transformations $f_1, f_2, \ldots, f_p$ sont toutes contractantes dans E (autrement dit :

$\forall\, x, y \in E \quad d(f(x), f(y)) \leqslant k\, d(x, y)$

avec k constante < 1) alors la transformation f est contractante dans l'ensemble des parties fermées et bornées non vides de E (les « compacts » de E) muni d'une distance appelée « distance de Hausdorff » (voir encadré à la page xx) et on montre que cet ensemble est bien « complet ».

D'où le théorème :

Pour toute famille de contractions $(f_1, f_2, \ldots, f_p)$ de E , il existe un unique compact non vide A vérifiant $A = f_1(A) \cup f_2(A) \cup \ldots \cup f_p(A)$, appelé l'attracteur de la famille de contractions (nous abrégerons en AFC). **De plus, partant, d'un compact non vide A_0 quelconque, l'itération $A_n = f(A_{n-1})$ converge toujours vers A (au sens de la distance de Hausdorff)** (voir [5] pour une démonstration).

Dans les exemples que nous allons examiner, les contractions $f_1, f_2, \ldots, f_p$ seront presque toujours de simples transformations affines de déterminant strictement inférieur à 1 en valeur absolue ; vous pourrez constater que même dans des cas très simples, l'attracteur A peut être fort complexe, et parfois très beau. Si les f_i sont des similitudes de rapport λ_i et si les $f_i(A)$ sont disjoints (sauf éventuellement en des points frontière), A est un fractal (en général - voir encadré sur la dimension topologique) de « dimension fractale » d définie par

$$\sum_{i=1}^{n} \lambda_i^{d} = 1.$$

Ce nombre d n'a pas été défini au hasard, mais de façon à généraliser la notion de dimension entière classique : chacun sait qu'une similitude de rapport λ multiplie les longueurs des courbes (de "dimension" 1) par λ, multiplie les aires des surfaces (de "dimension" 2) par λ^2 et multiplie les volumes des solides (de "dimension" 3) par λ^3. Une similitude de rapport λ devrait

Dimension topologique et notion de fractal

La **dimension topologique** d'une partie de R^n est un **entier** défini par récurrence qui exploite l'idée qu'un solide (dimension 3) a un contour qui est une surface (dimension 2), et qu'une surface a un bord qui est une courbe (dimension 1) . Évidemment c'est plus compliqué car il peut ne pas y avoir de contour (par exemple pour une sphère) et on est obligé de définir la notion localement. De plus, la dimension peut ne pas être définie de façon unique ; pensons par exemple à la réunion d'une courbe et d'un solide (un ballon avec son fil !). La dimension topologique est une notion topologique, ce qui signifie que deux ensembles homéomorphes ont même dimension topologique (homéomorphe signifie intuitivement que les ensembles sont déduits l'un de l'autre par étirement, sans coupure ni recollement) et elle est toujours inférieure ou égale à la dimension fractale. On peut même montrer que c'est **la borne inférieure des dimensions fractales des ensembles homéomorphes à l'ensemble considéré**.

Par exemple, la dimension topologique de l'ensemble de Cantor est nulle, ainsi que celle du triangle de Cantor (dont la dimension fractale vaut 1), tandis que la dimension topologique de la courbe de Koch est 1.

Mandelbrot a défini un fractal par le fait que **sa dimension topologique soit strictement inférieure a sa dimension fractale**.

donc multiplier la « mesure » d'un ensemble de « dimension » d par λ^d.
L'ensemble A vérifiant

$$A = f_1(A) \cup \ldots \cup f_p(A),$$

sa « mesure » μ doit donc vérifier

$$\mu = \sum_{i=1}^{n} \lambda_i^{d} \mu,$$

ce qui donne bien $\sum_{i=1}^{n} \lambda_i^{d} = 1.$

Lorsque les similitudes sont toutes de rapports $\frac{1}{m}$, on obtient $d = \frac{\ln n}{\ln m}$.

Auparavant, voici comment obtenir très rapidement, grâce à votre micro, une image de l'attracteur A.
Puisqu'en partant de n'importe quel compact non vide et en appliquant f à l'infini on aboutit toujours à A, il suffit de prendre comme compact de départ un singleton, c'est-à-dire un point. Et au lieu de calculer à chaque étape les images des points par *toutes* les f_i, ce qui est beaucoup trop long, on en choisit une au hasard. Au bout de quelques coups, le nuage obtenu donne une très bonne idée de A.

Il y a dans le napperon de Sierpinski une infinité de copies de l'ensemble de Cantor.

L'ensemble de Cantor

L'ensemble de Cantor est le premier AFC non trivial qui ait été étudié dans l'histoire des mathématiques. Mais il ne l'a pas été en tant que tel, car il possède beaucoup de propriétés étranges en plus de sa « fractalité ».
On peut le définir comme l'attracteur de la famille des deux homothéties de $\mathbb{R}$ de rapport 1/3 et de centres 0 et 1.
Le rapport 1/3 n'est pas choisi au hasard ! Tout d'abord, il doit être plus petit que 1 pour que F soit contractante. Et si l'on prenait 1/2 l'on obtiendrait le très bête segment [0, 1] qui n'est pas fractal...
Voici une vue de cet ensemble, que l'on a croisé avec [0, 1] pour obtenir une figure ayant une épaisseur.
Le véritable ensemble de Cantor est donc l'intersection de cette figure avec une droite horizontale.

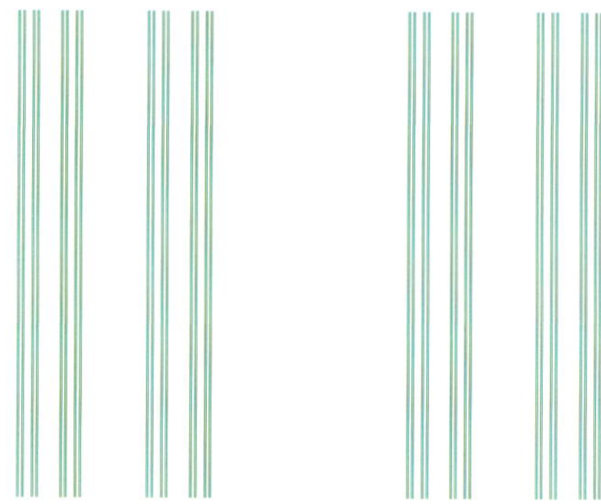

La dimension fractale de l'ensemble de Cantor est $\frac{\ln 2}{\ln 3} = 0{,}63\ldots$; mais ce qui avait motivé sa construction par Cantor en 1883 est sa propriété d'être un ensemble fermé sans point isolé tout en ayant un intérieur vide (c'est-à-dire qu'il ne contient aucun intervalle de longueur > 0)
Utilisons le théorème ci-dessus pour obtenir la construction classique de l'ensemble de Cantor : on part du compact [0,1] et on applique F : on obtient $\left[0, \frac{1}{3}\right] \cup \left[\frac{2}{3}, 1\right]$. On réitère le procédé : le passage de l'étape n à l'étape $n+1$ consiste à remplacer chacun des 2^n segments de longueur $\frac{1}{3^n}$ par deux segments de longueur $\frac{1}{3^{n+1}}$.

Le lecteur trouvera une foule de renseignements sur la topologie de cet ensemble fascinant dans [4].
Mais voici pour le plaisir quelques produits dérivés de l'ensemble de Cantor qui constituent des contre-exemples en

topologie :

Le tartan de Cantor

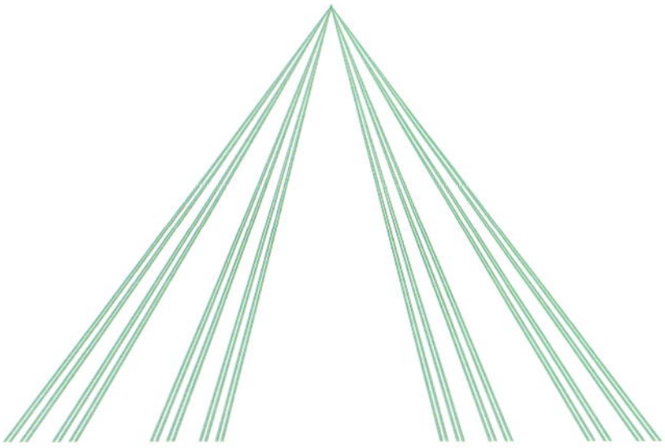

Le teepee de Cantor

Le tapis de Sierpinski et ses généralisations

L'idée de l'ensemble de Cantor est de couper un segment en parties égales, d'enlever une de ces parties, et de recommencer. C'est cette idée qui préside aux tapis et éponges de Sierpinski que nous allons examiner.

Un triangle est classiquement la réunion de 4 triangles 1/2-homothétiques (séparés par les segments médians). Supprimons le triangle central, c'est-à-dire considérons uniquement les trois homothéties de rapport 1/2 centrées aux sommets.

L'attracteur de cette famille est le « triangle (ou tamis) de Sierpinski », de dimension fractale ln 3/ln 2 = 1,585....

1

2

∞

Le triangle de Sierpinski

Un carré est la réunion de 9 carrés 1/3-homothétiques. Supprimons le carré central, c'est-à-dire considérons uniquement les 8 homothéties de rapport 1/3 centrées aux sommets et aux milieux des côtés.

L'attracteur de cette famille est le *tapis* (ou *carpette*) de *Sierpinski*, de dimension fractale

$$3\,\frac{\ln 2}{\ln 3} = 1{,}893...$$

Les diagonales et les médianes de cette

1 2 ∞

La carpette de Sierpinski.

carpette sont semblables à l'ensemble de Cantor.

Un cube est la réunion de 27 cubes 1/3-homothétiques (cf. le *Rubik's cube*). Supprimons le cube central ainsi que les six cubes centrés sur les faces, c'est-à-dire considérons uniquement les 20 homothéties de rapport 1/3 centrées aux sommets et aux milieux des arêtes.
L'attracteur de cette famille est l'*éponge de Menger-Sierpinski*, de dimension fractale ln 20/ln 3 = 2,727...
Les faces de cette éponge sont des tapis de Sierpinski.

Dans un hexagone, conservons uniquement les 6 hexagones 1/3-homothétiques comme sur la figure suivante, c'est-à-dire considérons uniquement les 6 homothéties de rapport 1/3 centrées aux sommets.

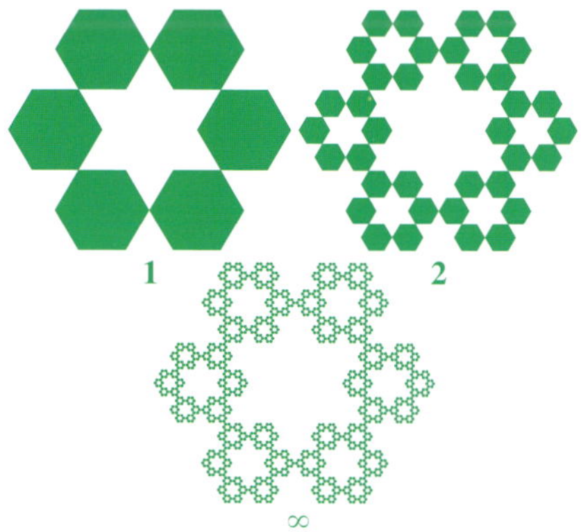

La napperon de Koch

Nous avons dénommé l'attracteur, de dimension fractale ln 6/ln 3 = 1,631, le *napperon de Koch* car la partie évidée centrale est un flocon de Koch.
Mais nous aurions pu tout aussi bien l'appeler *napperon de Sierpinski* pour son principe de construction, ou encore *napperon de Cantor* car il y a dans cet ensemble une foule de copies de l'ensemble de Cantor.

L'éponge de Menger-Sierpinski.

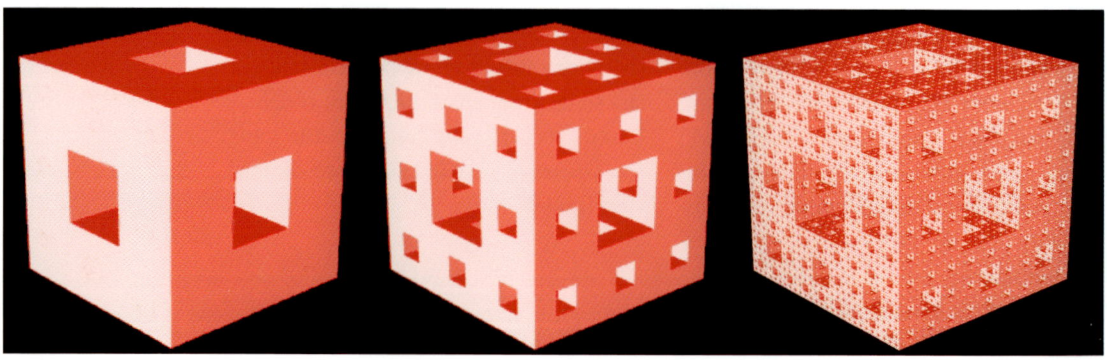

Le lecteur aura à l'aide ces exemples compris la généralité de la méthode Sierpinski : on détermine dans une figure n figures semblables à la figure de départ qui ne se chevauchent pas, et on élimine le complémentaire de ces n figures. Puis dans chacune de ces figures, on réitère le procédé, ceci jusqu'à l'infini. La figure limite est l'attracteur de la famille des n similitudes ayant servi à créer les n figures ci-dessus.

À vous de créer de beaux fractals avec cette méthode !

On peut aussi considérer l'attracteur de n similitudes de rapport $\dfrac{1}{4\cos^2 \dfrac{\pi}{n}}$ centrées aux sommets d'un n-gone régulier. Nous l'avons baptisé *polygone de Koch* car ses "côtés" sont des courbes de Koch généralisées.

Voici quelques vues des cas $n = 5, 7$ et 8.

Pentagone de Koch

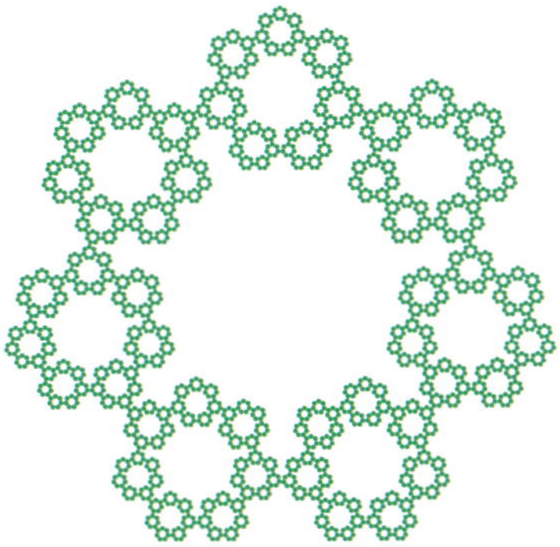

Heptagone de Koch

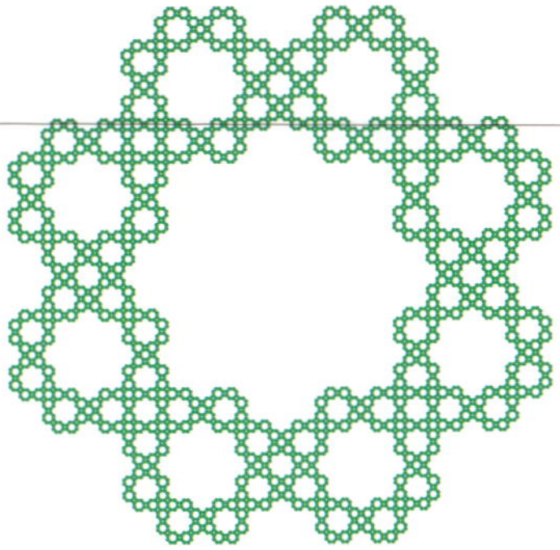

Octogone de Koch

La courbe de Koch et ses généralisations

On part dans le plan du segment [0, 1] de l'axe des x que l'on remplace par 4 segments de longueur 1/3 ainsi placés :

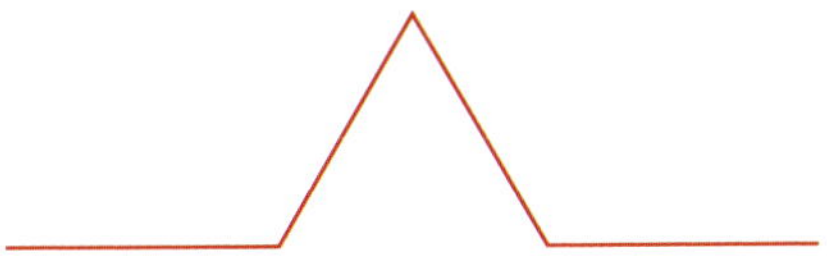

Et on réitère le procédé pour chacun des 4 segments.

On considère donc les images itérées de [0, 1] par la famille formée des deux homothéties utilisées dans l'ensemble de Cantor et de deux similitudes directes de rapport 1/3 et d'angles $\pi/3$ et $-\pi/3$. La courbe de Koch est l'attracteur de cette famille.

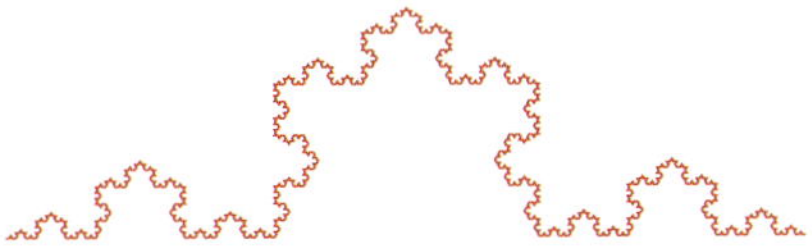

La courbe de Koch

Cette courbe, dont la base est l'ensemble de Cantor, a été décrite par Von Koch en 1904 comme exemple de « courbe continue sans tangente obtenue par une construction géométrique élémentaire ».

Comme il y a 4 similitudes de rapport 1/3, sa dimension fractale est le double de celle de l'ensemble de Cantor, soit 2(ln 2/ln 3) = 1,262. Cette courbe, dont la base est l'ensemble de Cantor, a été décrite par Von Koch en 1904 comme exemple de « courbe continue sans tangente obtenue par une construction géométrique élémentaire ».

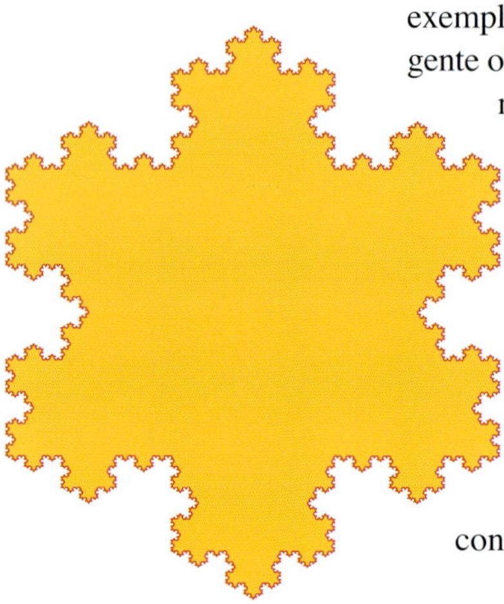

Le flocon de Koch.

La figure formée de 3 courbes de Koch ainsi placées s'appelle traditionnellement un flocon de Koch.

On peut généraliser en prenant 4 similitudes de rapport $1/m$ $(2 \leqslant m \leqslant 4)$ de façon à obtenir encore la ligne brisée continue :

On obtient ainsi la courbe de Koch généralisée qui peut prendre toutes les dimensions entre 1 et 2 :

$m = 2$

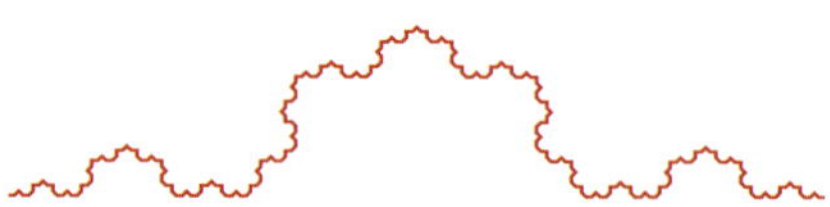

$m = 2 + \sqrt{2}$

$m = 4$

Le lecteur aura compris le principe général de la méthode Koch : le segment initial est remplacé par une ligne brisée continue ayant les mêmes extrémités et formée de segments de longueurs strictement inférieures (qui ne sont pas forcéments égales) et le procédé est réitéré à l'infini. La « courbe » limite est l'attracteur des similitudes directes envoyant le segment initial sur chacun des segments de la ligne brisée.

Nous avons mis le mot courbe entre guillemets car nous allons voir que cet attracteur peut avoir une dimension (même topologique) strictement supérieure à 1 ! L'exemple le plus simple est celui de la courbe du C, dont les premières étapes de construction sont :

étape 0 **étape 1** **étape 2**

La courbe limite est l'attracteur de deux similitudes directes de rapport $\frac{1}{\sqrt{2}}$ et d'angles respectifs $\frac{\pi}{4}$ et $-\frac{\pi}{4}$.

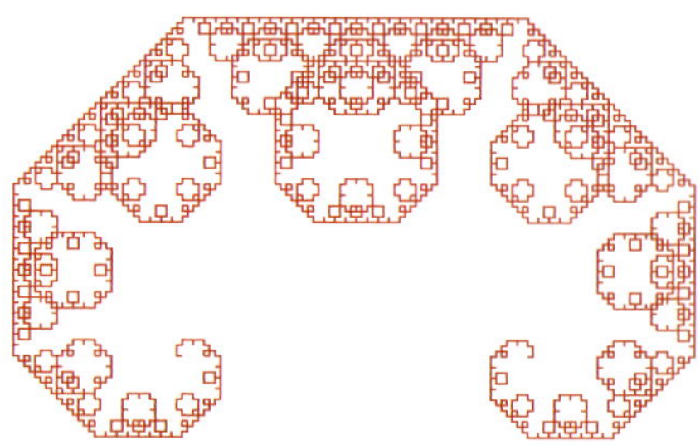

La dimension calculée par la formule $d = \ln n/\ln m$ donne $d = 2$, mais comme il y a ici des chevauchements, la dimension fractale en est inférieure.

Une façon d'éviter les chevauchements est de remplacer la première similitude par la similitude *indirecte* transformant le segment initial en le premier segment de la ligne brisée.

Ce simple changement modifie complètement l'allure de l'attracteur qui prend alors habituellement le nom de dragon (ainsi baptisé en 1960 par le physicien John Heighway).

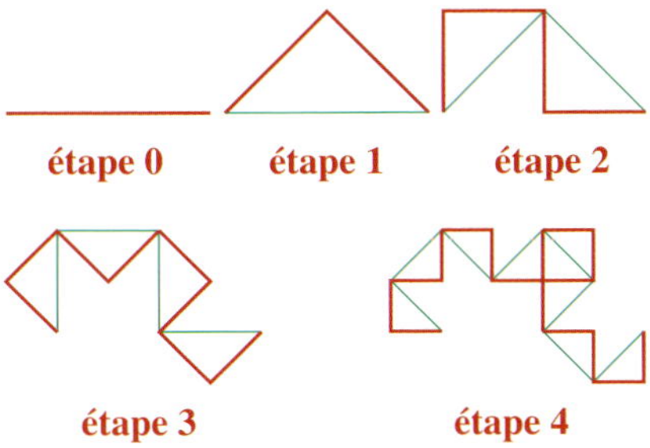

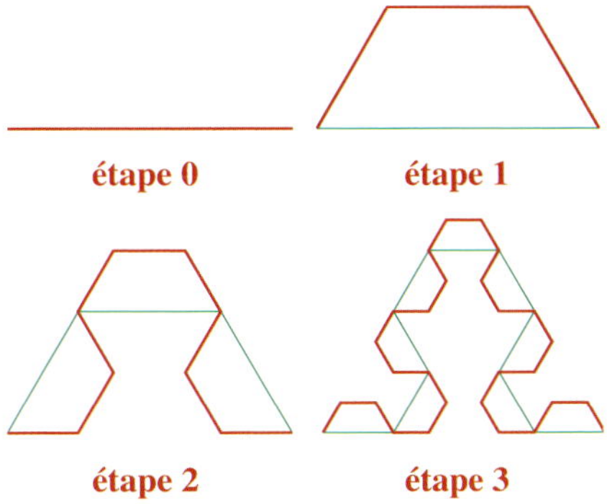

La courbe du dragon

Voici une vue permettant de voir que le dragon est la réunion des deux sous-dragons images de lui-même par les deux simlitudes.

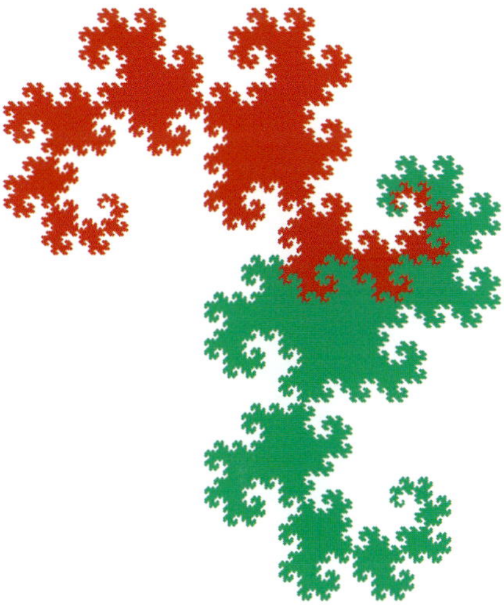

Cette propriété montre que les dragons preuvent paver le plan.
Un autre exemple classique, avec trois segments, est donné par les constructions :

L'étonnant est que la «courbe» limite est le triangle de Sierpinski (qui s'appelle donc pour cela aussi « courbe de Sierpinski ») ; or la famille de similitudes n'est ici pas la même que celle utilisée pour le triangle. Parmi les trois homothéties de rapport 1/2, deux d'entre-elles ont été composée par une symétrie axiale, ce qui en fait des similitudes indirectes. Les symétries laissant le triangle globalement invariant, l'attracteur final ne change pas.

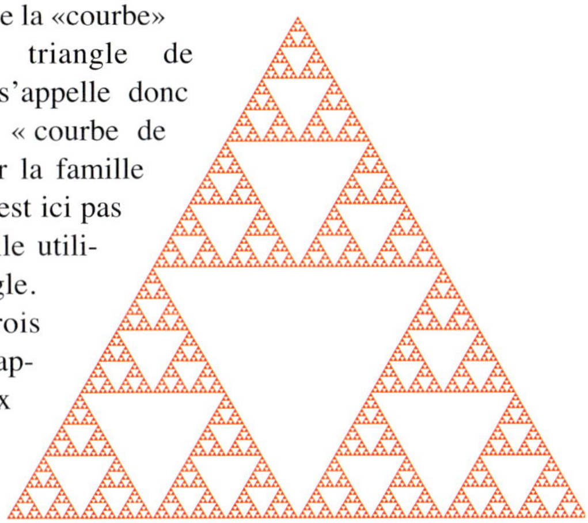

La courbe de Sierpinski

La «courbe» du dragon est célèbre car elle possède une construction étonnante : si l'on replie n fois une feuille de papier sur elle-même, toujours dans le même sens et en marquant bien les plis, et qu'on la déplie en conservant les plis à 90°, on obtient, en regardant la tranche, la nième étape de construction de la courbe du dragon. Évidemment, dans la pratique, l'épaisseur de la feuille fait qu'on dépasse difficilement la cinquième étape...

Passons de 3 à 4 segments pour examiner l'exemple historique de la courbe de Péano binaire dont voici les premières

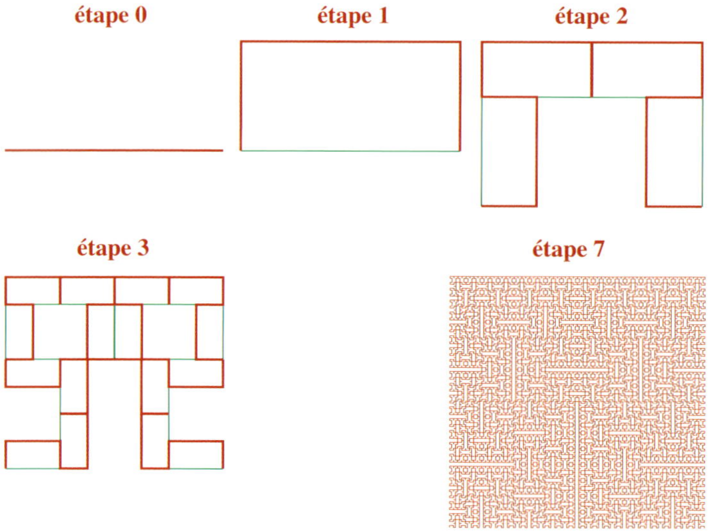

étapes de construction :

Il y a ici 4 similitudes de rapport 1/2 (2 homothéties et 2 similitudes invdirectes), de sorte que la dimension fractale de l'attracteur est 2. Heureusement ! Car c'est un simple carré. Et c'est justement comme exemple de courbe passant par tous les points d'un carré que Peano a construit cette courbe en 1890.

Continuons de rechercher des courbes de dimension fractale 2. Si la ligne brisée possède n segments de même longueur, cette longueur commune est forcément $1/\sqrt{n}$.

Pour $n = 9$, un exemple est la courbe de Peano ternaire dont voici les premières

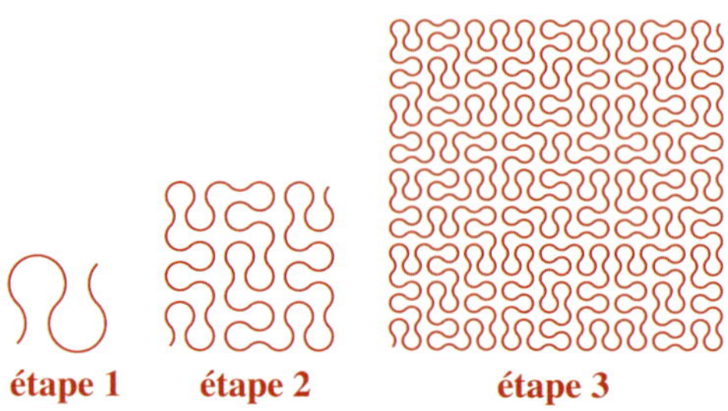

étapes de construction :

La famille de contractions est formée de 9 similitudes directes de rapport 1/3 et l'attracteur est aussi un carré.

Pour $n = 7$, un exemple étonnant est donné par la courbe de Gosper dont les premières étapes de construction sont :

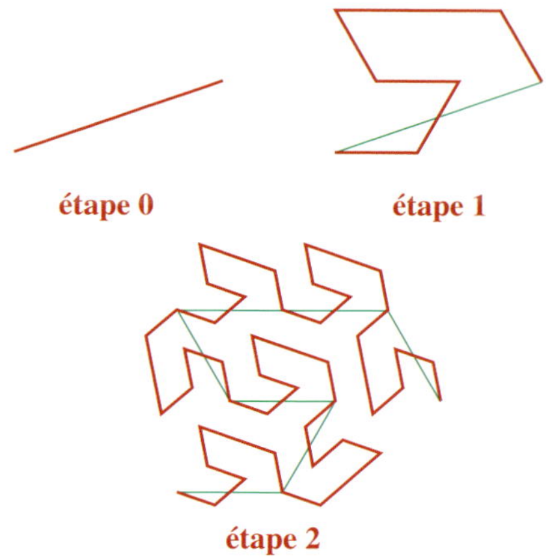

Il y a donc ici sept similitudes de rapport $1\backslash\sqrt{7}$ et, comme dans le cas du dragon, l'attracteur fournit un modèle original de pavage du plan.

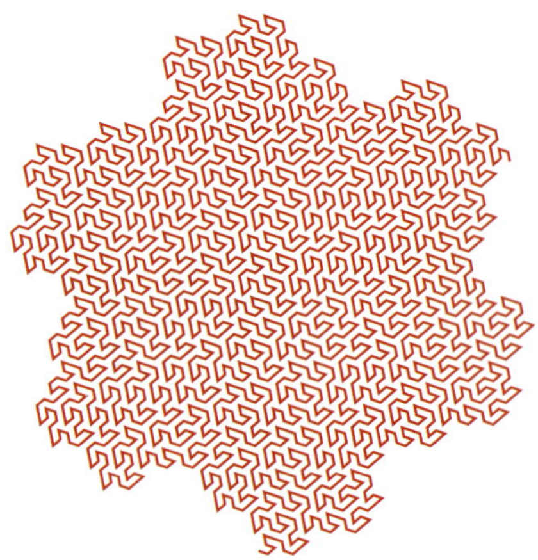

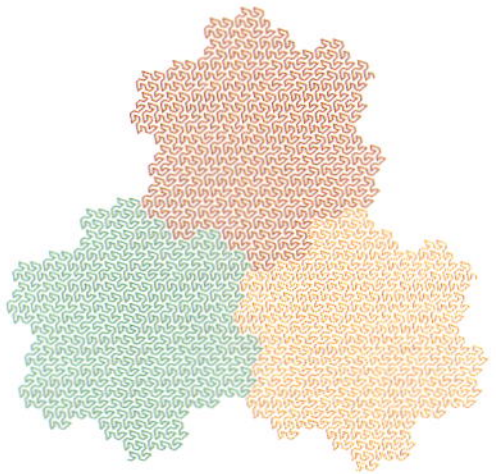

Les AFC "naturels" (arbres, fougères, feuilles...)

Pour modéliser un arbre, nous allons considérer que chacune de ses branches maîtresses (débutant à l'extrémité du tronc) est semblable à l'arbre entier. Autrement dit, considérer des similitudes transformant un segment [A, B] en des segments plus courts [B, C_i].

Mais il ne faut pas oublier le tronc ! Pour cela nous utiliserons une application qui transforme le plan en le segment [A, B], ou mieux en un rectangle de médiane [A, B] pour que le tronc ait une certaine épaisseur. Pour écrire le programme il n'y a pas besoin de connaître une telle application (mais le problème est intéressant !) car nous prendrons en fait chaque fois un point au hasard dans le rectangle.

En choisissant A(0, 0) et B(0, 1), les similitudes auront pour matrices complètes :

$$\begin{bmatrix} r_i\cos(\theta_i) & -r_i\sin(\theta_i) & 0 \\ r_i\sin(\theta_i) & r_i\cos(\theta_i) & 1 \end{bmatrix}.$$

Voici une vue de l'attracteur pour un tronc de largeur 1/20, $\theta_1 = -\theta_2 = \dfrac{\pi}{8}$, $\theta_3 = 0$ et $r_i = 0{,}8$.

Ce qui est étonnant, c'est qu'on a l'impression qu'il y a des feuilles alors qu'il n'y a que des branches qui s'entrecroisent. Mais cet arbre est très mathématique : y verrez-vous des spirales logarithmiques (approchées) ?

Bibliographie

[1] M. F. Barnsley, ***Fractals everywhere***, Academic Press, 1988.

[2] http://www.mathcurve.com/fractals/afc/afc.shtml

[3] G. A. Edgar, ***Measure, topology and fractal***, Springer-Verlag.

[4] F. Guénard et G. Lelièvre, ***Compléments d'analyse***, volume 1, Cahiers de Fontenay, 1985.

La sensibilité aux conditions initiales

Dans la plupart des phénomènes régis par leurs conditions initiales, une petite erreur sur ces conditions n'a guère de conséquences sur le résultat final. Quand la sensibilité s'accroît, nous approchons du chaos. Des fractales l'accompagnent.

Détail de l'ensemble de Mandelbrot

« Il peut arriver que de petites différences dans les conditions initiales en engendrent de très grandes dans les phénomènes finaux. Une petite erreur sur les premières produirait une erreur énorme sur les derniers. La prédiction devient impossible et nous avons le phénomène fortuit… Une cause très petite qui nous échappe, détermine un effet considérable que nous ne pouvons pas ne pas voir, et alors nous disons que cet effet est dû au hasard. »

Quand Poincaré (1854-1912) prononce ces paroles, il s'occupe d'astronomie, le domaine même de l'absolue certitude scientifique. De quoi est-il question ? Les corps célestes (planètes, satellites, astéroïdes, comètes, etc.) agissent les uns sur les autres de façon connue certes mais d'une part leurs caractéristiques (position, masse, vitesse) à un instant donné ne sont connues que de manière approximative et d'autre part, certains de ces corps sont inconnus. Nos prévisions sont donc également approximatives et l'erreur ne fait que s'amplifier avec le temps. Depuis qu'ils disposent d'ordinateurs puissants, les astronomes ont étudié les trajectoires des planètes pour plusieurs millions d'années à venir. En ce qui concerne les grosses planètes (Jupiter, Saturne, Uranus et Neptune), les résultats sont relativement stables mais les petites planètes (Mercure, Vénus, Terre et Mars) ont des orbites chaotiques.

Plus précisément, si nous estimons la position d'une planète comme la Terre à 15 mètres près, l'erreur sur 10 millions d'années n'est que de 150 mètres. Au bout de 100 millions d'années, l'erreur atteint 150 millions de kilomètres. L'échelle de temps est considérable mais force est de constater qu'une petite erreur dans la condition initiale (15 m) en produit une énorme dans le résultat final.

Si nous estimons la position de la Terre à 15 mètres près, au bout de 100 millions d'années, l'erreur atteindra 150 millions de kilomètres.

Le cas classique

Le cas classique est assez bien représenté par la suite définie par :

$$x_0 = a > 0 \text{ et } x_{t+1} = \sqrt{x_t}.$$

La fonction f est donc définie sur $[0, +\infty[$ par $f(x) = \sqrt{x}$.

Pour toutes les conditions initiales a, nous retrouvons le même ordre simple dans les valeurs successives de x_t.

1,414213562	1,010889286	1,000338508
1,000010576	1,000000331	1,000000011
1,189207115	1,005429901	1,000169240
1,000005288	1,000000166	1,000000006
1,090507733	1,002711275	1,000084616
1,000002644	1,000000083	1,000000003
1,044273783	1,001354720	1,000042307
1,000001322	1,000000042	1,000000002
1,021897149	1,000677131	1,000021153
1,000000661	1,000000021	1,000000001

Sans connaître la règle de formation des éléments de cette suite de valeurs, son simple examen reflète un ordre évident pour un œil mathématiquement averti. En effet, les nombres se rapprochent de 1, la distance étant divisée par 2 à chaque étape. On peut montrer que le 1 vient de $f(1) = 1$ et le 2 de $f'(1) = 1/2$.

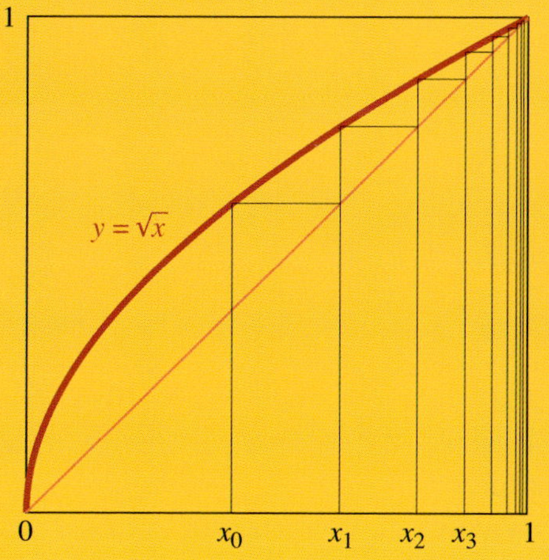

Si $0 < a < 1$, la figure précédente représentant les valeurs successives de x_t suggère également que la limite de x_t vaut 1. Ceci est en fait facile à prouver. On montre d'abord que $x_t < 1$ pour tout t.

On en déduit que $x_{t+1} + 1 < 2$ et donc, puisque $1 - x_{t+1}{}^2 = 1 - x_t$, la double inégalité :

$$0 < 1 - x_{t+1} < \frac{1 - x_t}{2}.$$

On démontre alors par récurrence que

$$0 < 1 - x_t < \frac{1 - a}{2^t}$$

d'où l'on déduit le résultat.

Le cas $a > 1$ se règle alors en remarquant que la suite $y_t = 1/x_t$ vérifie les hypothèses précédentes et donc que sa limite est 1 d'où l'on déduit que 1 est également la limite de x_t.

Ce raisonnement se généralise assez bien dès que la fonction possède un point « fixe » L tel que $f(L) = L$ et $|f'(L)| < 1$. Réciproquement, on démontre que si la suite x_t converge vers L sans être stationnaire alors $f(L) = L$ et $|f'(L)| < 1$.

La verticale de x_0 pris en abscisse coupe la courbe d'équation $y = \sqrt{x}$ au point de coordonnées (x_0, x_1). L'horizontale passant par ce point coupe la droite d'équation $y = x$ au point de coordonnées (x_1, x_1). La verticale passant par ce point coupe l'axe des abscisses en x_1. En itérant ce procédé, on construit la suite des x_t géométriquement ce qui permet de se donner des idées sur sa convergence.

Un exemple simple

Il n'est pas question à ce niveau de décortiquer les équations de la mécanique pour expliquer l'origine de ce chaos. Nous raisonnerons sur un exemple. Remarquons simplement que le système solaire se conduit comme un système dynamique où l'état à un instant $t + 1$ est entièrement déterminé par l'état à l'instant t par une relation du type :

$$x_{t+1} = f(x_t)$$

où f est une fonction et x_t l'état à l'instant t. Très souvent, l'évolution d'un tel système dépend continûment des conditions initiales, il n'a rien de chaotique. Cela tient essentiellement à la configuration entre la courbe d'équation $y = f(x)$ et la droite d'équation $y = x$ (voir l'encadré « *Le cas classique* »).

La fonction "tente"

Considérons la fonction *tente* définie par :

$$\begin{cases} f(x) = 2x & \text{si } 0 \leqslant x \leqslant 0{,}5 \\ f(x) = 2 - 2x & \text{si } 0{,}5 \leqslant x \leqslant 1. \end{cases}$$

dont le nom vient de la forme de son graphe :

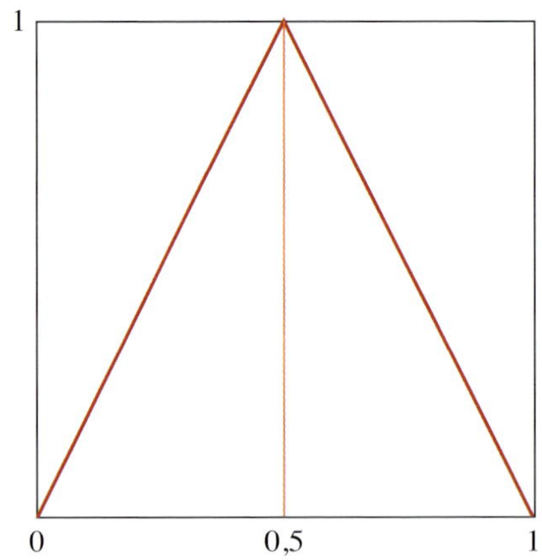

Il existe une grande sensibilité aux conditions initiales quand on se place à la frontière entre plusieurs domaines d'attraction.

Si vous essayez d'appliquer la méthode graphique de l'encadré à la suite définie par la condition initiale $x_0 = a$ (a compris entre 0 et 1) et la formule $x_{t+1} = f(x_t)$, vous constaterez qu'elle se comporte de façon compliquée. Il est préférable de faire une étude numérique. Pour la condition initiale $a = 0{,}2356$, nous obtenons :

0,2356	0,4712	0,9424	0,1152
0,2304	0,4608	0,9216	0,1568
0,3136	0,6272	0,7456	0,5088
0,9824	0,0352	0,0704	0,1408
0,2816	0,5632	0,8736	0,2528
0,5056	0,9888	0,0224	0,0448
0,0896	0,1792	0,3584	0,7168
0,5664	0,8672	0,2656	0,5312
0,9376	0,1248	0,2496	0,4992
0,9984	0,0032	0,0064	0,0128

Une telle liste est loin de refléter l'ordre souvent rencontré dans l'étude de suites de ce type.

De plus, cette suite de valeurs est extrêmement sensible à un changement même infime de la condition initiale. Prenons $a = 0{,}2357$, nous obtenons la suite de valeurs suivantes :

0,2357	0,4714	0,9428	0,1144
0,2288	0,4576	0,9152	0,1696
0,3392	0,6784	0,6432	0,7136
0,5728	0,8544	0,2912	0,5824
0,8352	0,3296	0,6592	0,6816
0,6368	0,7264	0,5472	0,9056
0,1888	0,3776	0,7552	0,4896
0,9792	0,0416	0,0832	0,1664
0,3328	0,6656	0,6688	

Vous remarquerez qu'au départ, les valeurs ne sont guère différentes mais les deux listes bifurquent très vite. Ceci dit, les calculs sont exacts. Pour les deux conditions initiales, les suites sont formées uniquement de nombres à quatre chiffres. Il n'y a donc que 10 000 valeurs possibles. Parmi les 10 001 premiers, deux au moins sont égaux. À partir de ces deux là, la suite se répète identique. Plus précisément, si nous écrivons ces deux valeurs x_t et x_{t+T} avec $T > 0$ (le plus petit possible), la règle de formation des valeurs de la suite implique que :

$$x_{t+T+1} = x_{t+1}, x_{t+T+2} = x_{t+2},$$

et ainsi de suite si bien que le système est périodique de période T. La période peut être très grande. Ainsi pour $a = 0{,}2356$ comme pour $a = 0{,}2357$, elle est de 250. Elle peut être égale à 1 comme pour les conditions initiales telles que 1/2, 1/4, 3/4, etc. Pour $a = 0{,}2355$, la période est égale à 50. Mais, dans tous les cas, au milieu d'un chaos général, on retrouve un ordre valable pour certaines conditions initiales.

Pour saisir les raisons du caractère chaotique de la dynamique de la fonction *tente*, l'idée essentielle est de représenter les courbes d'équations

$y = f[f(x)]$, $y = f[f[f(x)]]$, etc.

(Voir la figure ci-dessous.)

Très vite, nous obtenons un grand nombre de tentes côte à côte si bien qu'il suffit d'une différence infime sur la condition initiale pour changer de tente. Ainsi, on peut obtenir n'importe quelle valeur à l'indice t en question. Ce résultat reste valable dès que la courbe d'équation $y = f(x)$ garde une forme similaire.

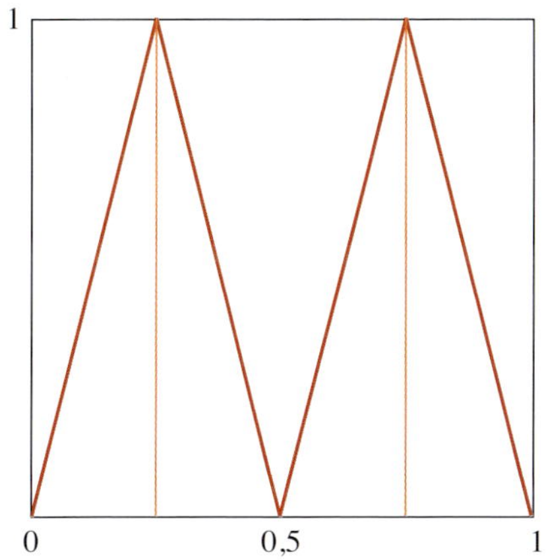

Graphe de $f \circ f$: deux tentes l'une contre l'autre.
Le nombre de tentes double à chaque itération de f.

Bassins d'attraction

L'exemple de sensibilité aux conditions initiales de la fonction *tente* est extrême. De façon plus courante, quand plusieurs limites sont possibles suivant la condition initiale, il existe une grande sensibilité quand on se place à la frontière entre plusieurs domaines d'attraction. Considérons par exemple la suite définie par :

$x_0 = a$ et $x_{t+1} = x_t/2 + x_t^2$.

La méthode de l'encadré nous donne :

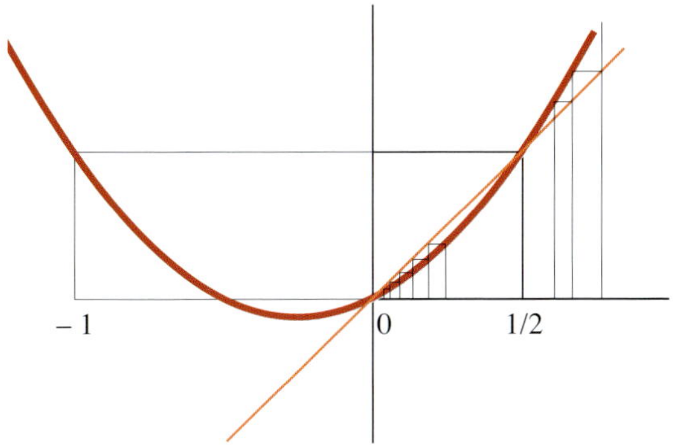

Étude graphique de la suite définie par $x_0 = a$ et $x_{t+1} = x_t/2 + x_t^2$.

On démontre donc que la suite a trois comportements possibles suivant la valeur de la condition initiale a :

si a appartient à l'intervalle ouvert $]-1, 1/2[$, elle converge vers 0,

si a appartient à la réunion des intervalles ouverts $]-\infty, -1[\cup]1/2, +\infty[$, elle tend vers $+\infty$,

si a appartient à $\{-1, 1/2\}$, elle tend vers 1/2.

Ces trois ensembles sont appelés les bassins d'attraction de 0, $+\infty$ et 1/2. On remarque une grande différence entre ceux de 0 et $+\infty$ d'une part et celui de 1/2 d'autre part. En fait, la suite ne peut converger vers ce point que si elle est stationnaire. Son bassin d'attraction est donc constitué des seuls antécédents de 1/2.

On remarque de plus qu'une petite différence sur la condition initiale n'a normalement peu d'effets sur le résultat quand celle-ci appartient aux bassins d'attractions de 0 ou de $+\infty$. En revanche, la moindre erreur sur la condition initiale quand celle-ci appartient au bassin d'attraction de 1/2 la fait basculer dans l'un ou l'autre des deux autres bassins d'attraction donc modifie énormément le comportement de la suite. Nous retrouvons notre phénomène de sensibilité aux erreurs sur la condition initiale.

Passage au plan complexe

Le phénomène de sensibilité devient plus spectaculaire si la condition initiale est un nombre complexe.

Ce phénomène anodin devient plus spectaculaire si la condition initiale est un nombre complexe. Le bassin d'attraction de 1/2 s'étoffe alors d'un grand nombre de points puisque l'équation

$$x/2 + x^2 = -1$$

a deux solutions complexes α et β

$$\frac{-1 \pm i\sqrt{15}}{4}.$$

Il en de même des deux équations $x/2 + x^2 = \alpha$ et $x/2 + x^2 = \beta$ ainsi de suite, ce qui donne une infinité de conditions initiales pour lesquelles la suite converge vers 1/2. À l'aide d'un ordinateur, il est facile de tracer ce bassin d'attraction :

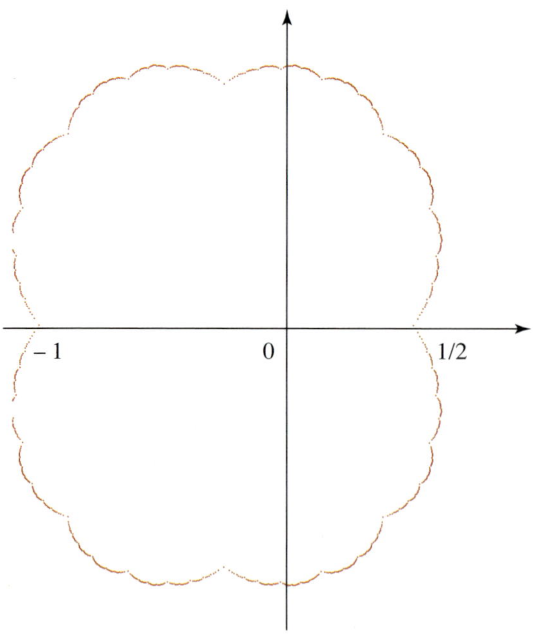

Bassin d'attraction de 1/2.

Nous pourrions remarquer qu'il s'agit d'une courbe mais c'est faux. En fait, la courbe J qui apparaît sur l'écran de l'ordinateur n'est pas le bassin d'attraction de 1/2 mais son adhérence (voir l'encadré *Adhérence et appartenance*). On démontre que si la condition initiale est située à l'intérieur de J alors la suite converge vers 0 et si elle est située à l'extérieur, elle tend vers l'infini. Ce qui se passe si elle est située sur J est beaucoup moins régulier. Dans tous les cas, J et les deux ensembles qu'il délimite sont invariants par la transformation

$$f : x \mapsto x/2 + x^2$$

et ses inverses puisque si la suite a un comportement pour une condition initiale a, elle a le même pour la condition initiale $f(a)$ ainsi que pour les conditions initiales b telles que $f(b) = a$.

Ensembles de Julia et de Mandelbrot

La courbe que l'on vient de découvrir sur cet exemple a été particulièrement étudiée par Gaston Julia (1893-1978). Il s'agit d'un objet souvent fractal qui peut prendre des formes bien plus étranges que dans notre exemple où il ressemble plus ou moins à un cercle déformé entourant 0. Tout d'abord, précisons sa définition.

Si f est une fraction rationnelle et a un nombre complexe, on considère la suite définie par : $x_0 = a$ et $x_{t+1} = f(x_t)$ puis l'ensemble des conditions initiales pour lesquelles la suite est bornée. Par définition, l'ensemble de Julia de f est la frontière J de cet ensemble. Pour les mêmes raisons que précédemment, J est invariant par f et ses inverses.

Pour en découvrir d'autres, il suffit d'essayer les fonctions f définies par $f(x) = x^2 + c$ où c est un nombre complexe. On peut les construire de la même façon que dans l'exemple précédent.

On remarque que la courbe peut se déformer de façon étrange comme dans le cas où

$$c = 0{,}32 + 0{,}043\, i.$$

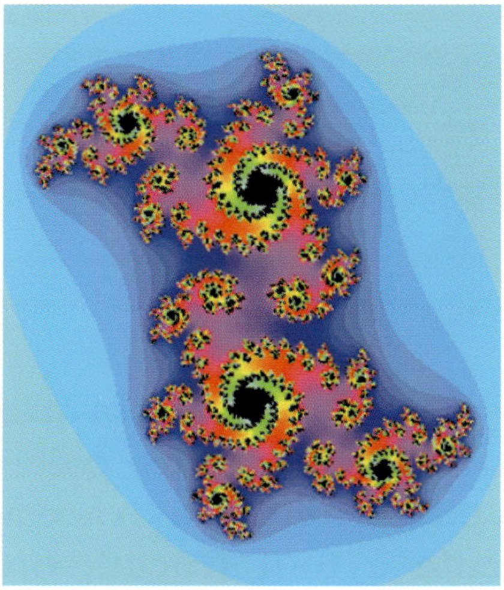

Ensemble de Julia de $f(x) = x^2 + c$ avec $c = 0{,}32 + 0{,}043\, i$.

Dans d'autres cas, la courbe se scinde en plusieurs morceaux. Elle devient particulièrement difficile à tracer avec un ordinateur personnel. Pour ce faire, il est préférable d'utiliser la définition précédente. On détermine alors l'ensemble des conditions initiales pour lesquelles la suite est bornée puis sa frontière. On obtient :

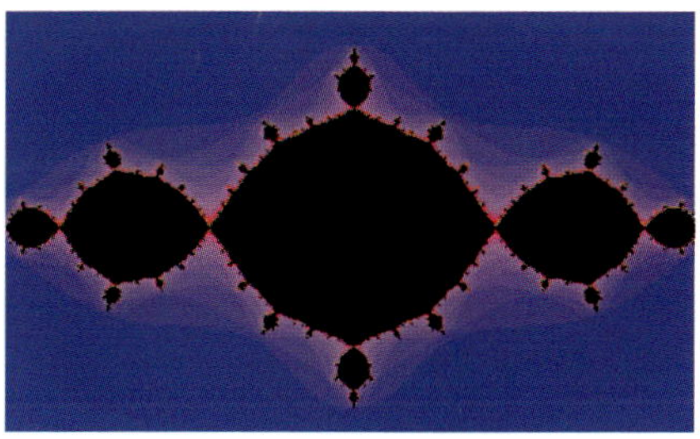

Ensemble de Julia de $f(x) = x^2 - 1$.

Mandelbrot (1924-) a trouvé que les diverses natures possibles de ces ensembles de Julia sont résumées par l'ensemble qui porte depuis son nom :

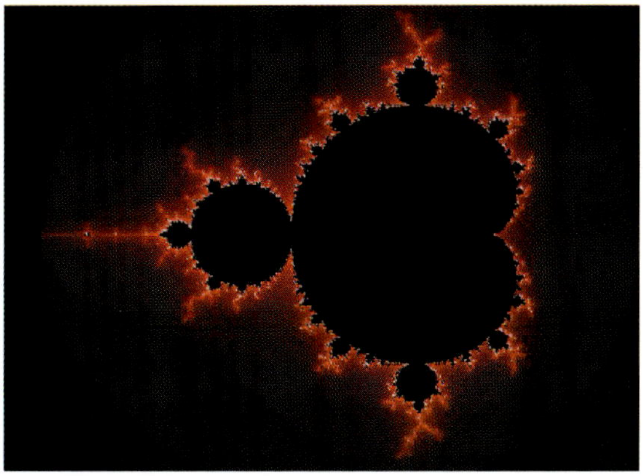

Ensemble de Mandelbrot gouvernant les ensembles de Julia.

Suivant que c se situe dans une partie ou une autre de l'ensemble de Mandelbrot dessiné ci-dessus, l'ensemble de Julia correspondant est d'une nature ou d'une autre. Par exemple, quand c se trouve dans la partie principale en forme de cœur stylisé, l'ensemble de Julia est une courbe d'un seul tenant séparant deux zones bien distinctes.

H. L.

Adhérence et appartenance

Si les points du mathématicien sont sans épaisseur, les points réels que l'on trace sur une feuille de papier en ont une. En conséquence, si l'on trace les nombres rationnels, on obtiendra toute la droite réelle.
De façon générale, distinguons les points idéaux de notre imagination des points concrets que l'on peut dessiner sur une feuille de papier. Ces derniers ont une épaisseur que nous noterons ϵ. Si l'on trace un ensemble de points idéaux E, on obtient en fait un ensemble E_ϵ constitué des points à une distance inférieure à ϵ d'au moins un point de E. En affinant le tracé c'est-à-dire en diminuant la valeur de ϵ, on s'approche de la réalité de E mais sans jamais l'atteindre. En effet, l'intersection des ensembles E_ϵ n'est pas égale à E mais à un autre ensemble appelé l'adhérence de E.

 par Anne Siegel

Fractals à la carte

Très grossièrement, un fractal n'est rien d'autre qu'un dessin que l'on peut découper en pièces bien choisies, chaque autre pièce pouvant être reconstituée à partir de ces pièces initiales. Grâce à cette règle de remplacement sous-jacente à tout fractal, on construit des objets géométriques aux propriétés étonnantes.

On peut toujours considérer un fractal comme un ensemble de morceaux reconstitués en contractant, en faisant tourner et en déplaçant des pièces initiales judicieusement découpées. Fondamentalement, un fractal est donc un objet géométrique.

Cependant, la notion de « répétition de soi-même en son sein » n'est pas du domaine de la géométrie, mais de la combinatoire. Plus précisément, on peut extraire d'une structure fractale sa substance symbolique, en n'en conservant que l'information relative à sa décomposition en pièces, ainsi que les types de morceaux qui se retrouvent à l'intérieur de chaque pièces.

Et maintenant, si on faisait l'inverse ?

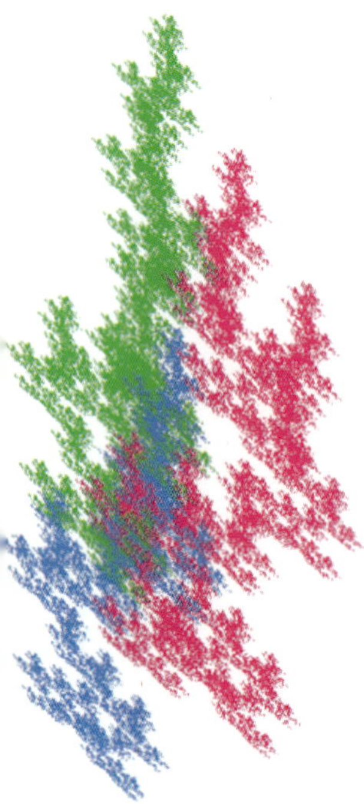

Le fractal de Rauzy ne comporte aucun trou et est fait d'un seul bloc.

Constructions à partir de règles combinatoires

Un jeu consiste à se poser la question : *est-il toujours possible de construire un fractal qui respecte des règles de remplacement que l'on a préalablement fixées ?* Par exemple, recherchons un fractal qui se décompose en trois morceaux G (pour Grand), M (pour Moyen) et P (pour Petit), pour lequel il existe une seule opération de « contraction et rotation » notée O. On décide que les pièces G, M et P de ce fractal vérifient les caractéristiques suivantes :

- La plus grande, G, est constituée exactement d'une copie d'elle-même préalablement *contractée* et *retournée*, d'une copie de la pièce de taille moyenne *contractée* et *retournée*, et d'une copie de la petite pièce *contractée* et *retournée* ;
- la pièce moyenne M est une simple copie *contractée* et *retournée* de la grande ;

- la petite pièce P est elle aussi une copie *contractée* et *retournée* de la moyenne.

Nous allons décrire une méthode systématique pour cela. De même, chacun pourra s'amuser à dessiner de la même manière le fractal qui respecte les règles de son choix.

Tout d'abord, déterminons dans quelles pièces se retrouve chaque morceau. On déduit des constructions précédentes que

- O(G) (résultat de la contraction et rotation de la grande pièce) doit se retrouver dans G et M. On transcrit cette condition dans la règle G → GM.
- O(M) se retrouve dans les pièces G et P, ce qui s'écrit M → GP.
- O(P) ne se retrouve que dans la grande pièce. Ceci s'écrit P → G.

On appelle finalement *substitution* la règle combinatoire qui transcrit cette décomposition :

G → GM ; M → GP ; P → G.

Pour construire le fractal, on applique cette règle de substitution un grand nombre de fois. On part de G, qui est transformé en GM. Le G est remplacé par GM, tandis que M est remplacé par GP. Finalement, GM se transforme en GMGP. On applique à nouveau la règle de substitution, qui donne GMGPGMG. On continue ainsi indéfiniment.

G → GM
→ GMGP
→ GMGPGMG
→ GMGPGMGGMGPGP
→ GMGPGMGGMGPGMGMGPGMGGMG
→ GMGPGMGGPGMGMGMGPGMGGMG
PG MGPGMGGMGPGMGMGPGM…

Dessiner un fractal de Rauzy

On s'aperçoit que les mots obtenus (GM, GMGP, GMGPGMG, …) commencent successivement les uns par les autres. On appelle « point fixe » le mot obtenu en superposant toutes les itérations possibles : en particulier, il est de taille aussi grande que l'on veut !
GMGPGMGGPGMGMGMGPGMGGMGPG
MGPGMGGMGPGMGMGPGM…

Ce point fixe va nous permettre de construire directement un fractal. En effet, on va partir d'un point, et pour chaque lettre lue, avancer d'un vecteur fixé du plan :

- pour la lettre G, on met un point bleu et on avance vers la droite (le vecteur associé est (1, 0)) ;
- pour la lettre M, on met un point vert et on avance vers le haut (le vecteur associé est (1, 0)) ;
- pour la lettre P, on met un point rouge et on effectue un déplacement par le vecteur (– 3,3826, – 1,8393) (ce vecteur n'est pas choisi au hasard, voir l'encadré à ce sujet).

On donne dans la figure de gauche le résultat de cette règle après avoir lu les cinq premières lettres (GMGPG). Le point fixe commence par un G, on place donc un point bleu et on avance vers la droite. On lit ensuite un M : on place un point vert et on monte. On lit ensuite un G : on place un point bleu et on va à droite. On arrive sur un P : on place un point rouge et on descend en bas à gauche. La lettre est un G : on met un point bleu.

On a ainsi construit un fractal qui respecte des règles décidées au départ.

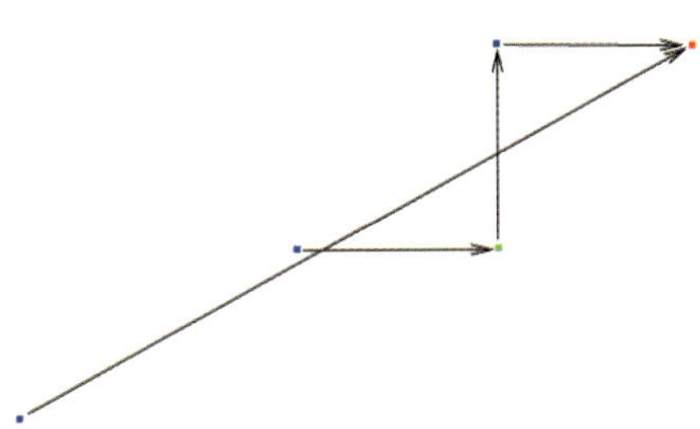

Sur les deux figures suivantes, on trouve le dessin correspondant aux 14 premières lettres

(GMGPGMGGMGPGM),

et aux 100 premières lettres.

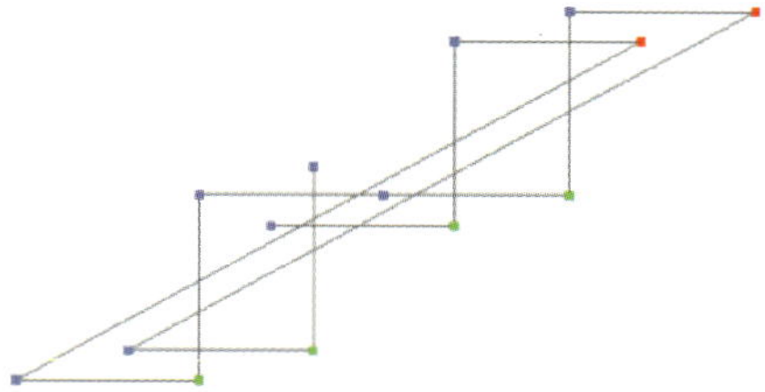

Le fractal de Rauzy ne comporte aucun trou et est fait d'un seul bloc.

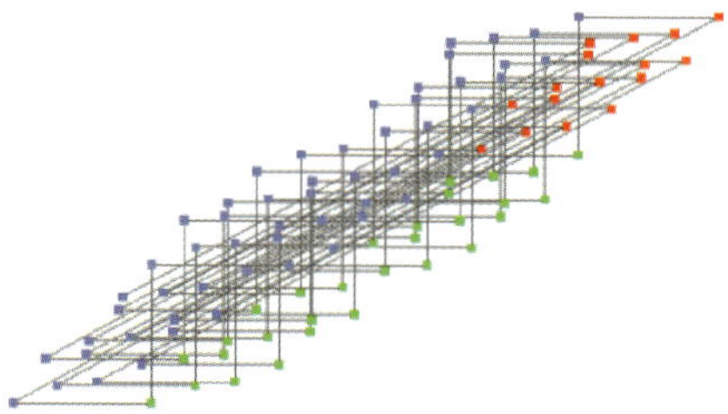

Si on enlève les traits relatifs aux déplacements, on voit apparaître une figure qui semble se remplir de plus en plus, les trois parties bleue, verte et rouge semblant rester disjointes. On montre ci-dessous les dessins obtenus après 1000 et 10000 itérations.

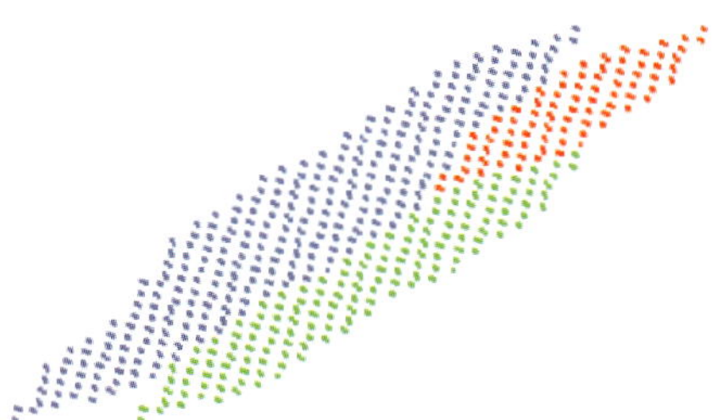

La figure obtenue en plaçant le plus grand nombre possible de points (par exemple une centaine de milliers) est appelée « fractal de Rauzy ». Il s'agit effectivement d'un fractal, comme le montre les dessins ci-dessous. On y retrouve exactement la décomposition souhaitée : le morceau vert de taille moyenne est une copie du morceau bleu qui a été rétrécie et tournée légèrement vers la gauche. Le petit morceau rouge de l'image de gauche est une copie du morceau vert contractée et retournée, comme indiqué dans l'image de droite. Enfin, le grand morceau bleu de l'image de gauche se décompose dans l'image de droite en trois morceaux, chacun étant une copie contractée et retournée des pièces de l'image de gauche. On a ainsi construit un fractal qui respecte les règles décidées au départ.

Pavages

Ce fractal de Rauzy, en plus d'être fractal au sens qu'il se retrouve en son sein, a d'autres propriétés remarquables : on montre qu'il ne comporte aucun trou (mathématiquement, on dit qu'il est simplement connexe), et qu'il est fait d'un seul bloc (on dit qu'il est connexe). Cela semble évident sur la figure mais les fractals sont souvent trompeurs, si bien que toute propriété apparente nécessite une démonstration.

Surtout, ce fractal engendre deux types de pavages, montré ci-dessous. Dans la première figure, les fractals de Rauzy sont positionnés de manière très régulière, les uns au dessus des autres. Il est vraiment magique que les contours du fractal s'encastrent exactement les uns dans les autres, en ne laissant aucun trou. Un tel dessin est appelé « pavage périodique ».

Dans la figure suivante, on voit qu'il est possible de prendre les trois bouts constituant le fractal de Rauzy et de les positionner de sorte que les copies s'encastrent exactement les unes dans les autres, en ne laissant aucun trou. Cependant, les pièces sont positionnées de manière absolument non régulière, même si l'ordre des pièces a une signification… On appelle cela un *pavage non périodique*.

Des objets bien utiles

L'intérêt de la construction du fractal de Rauzy est qu'elle est généralisable à une grande classe de règles de départ. Ainsi, il suffit que le système d'équations vu dans l'encadré *Calcul du vecteur* (− 3,3826,− 1,8393) admette une solution pour un seul paramètre A, avec A < 1, pour que tout le processus de construction soit valable et permette d'obtenir un nouveau fractal. On constate à l'œil nu que certains contiennent des trous, tandis que d'autres sont constitués de plusieurs blocs. En particulier, une propriété fondamentale qui a été démontrée est que les différentes pièces de couleurs s'intersectent sur un ensemble dont l'aire est nulle.

Calcul du vecteur (– 3,3826 ; – 1,8393)

Pour obtenir ce vecteur, on se ramène à la décomposition du fractal : les règles de décomposition (G est constitué d'une copie rétrécie de la grande, de la moyenne et de la petite pièce, etc.) fournissent directement un système d'équations sur les trois variables g, m, p et le taux de contraction A :

$$g = Ag + Am + Ap ;$$
$$m = Ag ;$$
$$p = Am.$$

On prouve que ce système admet une solution réelle si et seulement si $1/A = 1{,}8393$ (A doit vérifier $A^3 + A^2 + A = 1$). Une solution du système est donnée par $(g, m, p) = (3{,}38298 ; 1{,}8393 ; 1)$.

Il suffit de projeter le vecteur (0, 0, 1) dans le plan horizontal parallèlement à (3,38298 ; 1,8393 ; 1) pour obtenir le vecteur associé à la lettre P.

Tous les fractals ainsi construits vérifient la propriété de pavage.

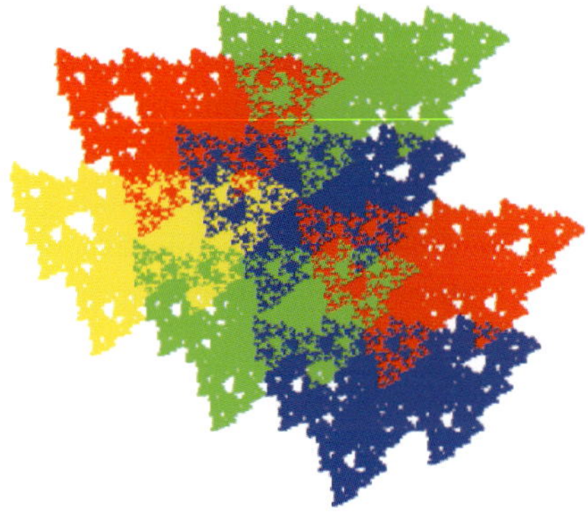

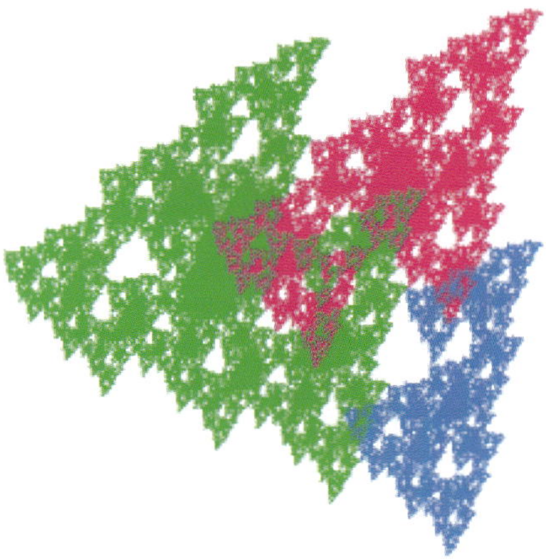

On arrive aussi à montrer, mais beaucoup plus difficilement, que tous les fractals ainsi construits vérifient la propriété de pavage. On montre ci-dessous quelques pavages réguliers. En particulier, même si le fractal a des trous ou est composé de plusieurs parties, on peut le positionner régulièrement de sorte que les trous se remplissent exactement, sans déborder.

Pour finir, on peut noter que ces structures sont non seulement jolies à regarder et à étudier, mais trouvent aussi des applications plus concrètes. Par exemple, elles permettent d'approximer des plans avec des faces de cubes, ce qui permet de pixéliser des figures sur des ordinateurs. De manière plus anecdotique, elles traduisent la structure de composants physiques appelés quasi-cristaux, qui sont utilisés dans des poêles à frire pour leurs propriétés de conductivité. Enfin, sur un point de vue théorique, les fractals de Rauzy permettent de généraliser les développements binaires ou décimaux à des bases réelles, et en particulier de trouver les nombres dont le développement est périodique dans ces nouvelles bases.

A. S.

De l'utilité des Fractales

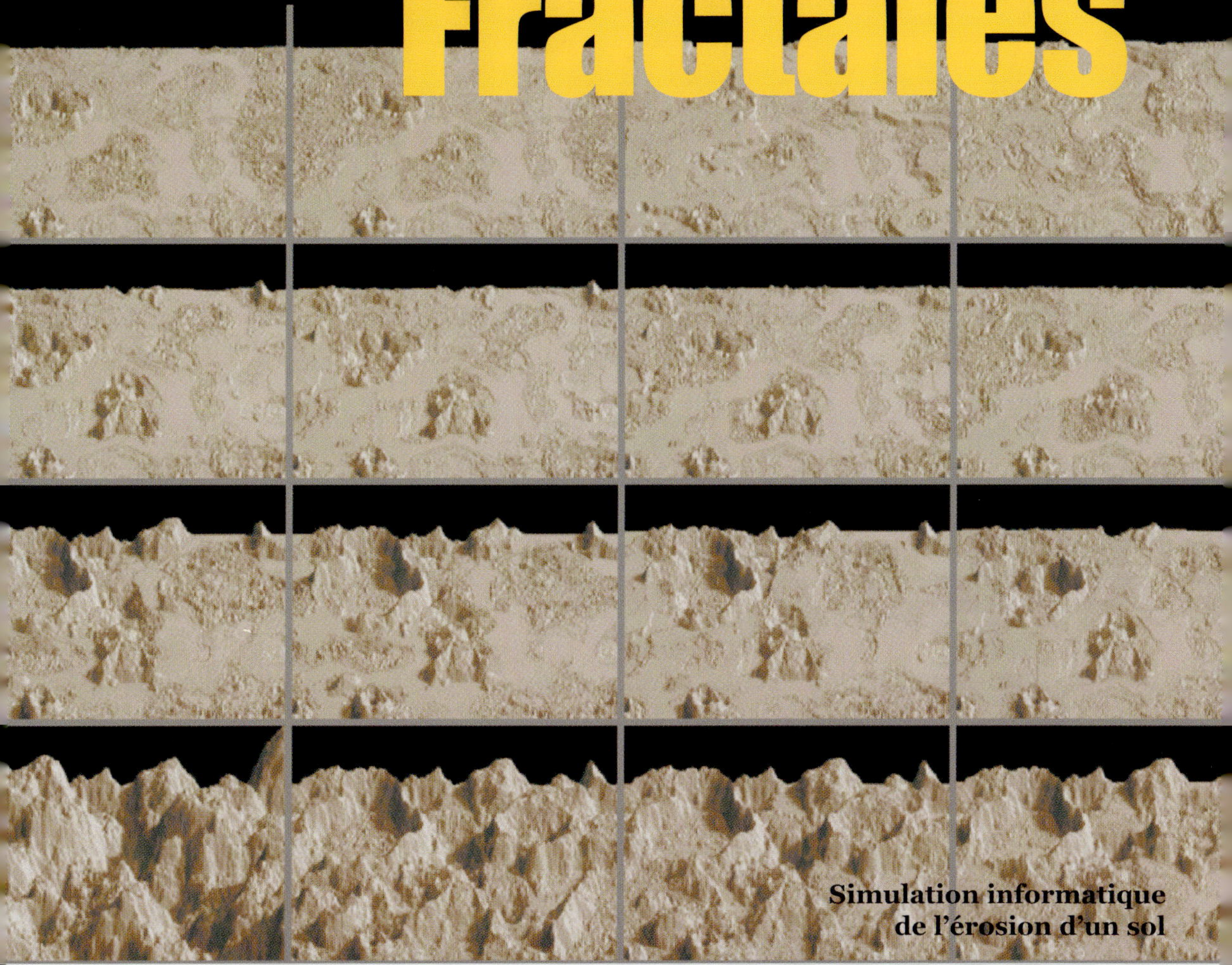

Simulation informatique de l'érosion d'un sol

«La portée du concept de fractales et les possibilités qu'il offre sont immenses.», affirme Bernard Sapoval. Non seulement les fractales permettent de modéliser la nature, mais plus généralement, elles se révèlent très utiles lorsqu'il s'agit de décrire des structures irrégulières possédant une propriété d'auto-similarité ou d'invariance d'échelle.

Un texte prémonitoire

Nous vous proposons un extrait de la préface du livre *Les Atomes* de Jean Perrin, publié en 1913 [Nouvelle édition : Flammarion 1991]. S'il est un texte précurseur sur la géométrie fractale, c'est bien celui-là !

Jean Perrin (1870-1942). Prix Nobel de physique 1926, créateur du C. N. R. S. et du Palais de la découverte, il se rendit célèbre par ses travaux sur le mouvement brownien.

Je voudrais faire quelques remarques dont l'intérêt peut être de donner une justification objective à certaines exigences logiques des mathématiciens.

Nous savons tous comment, avant de donner une définition rigoureuse, on fait observer aux débutants qu'ils ont déjà l'idée de la continuité. On trace devant eux une belle courbe bien nette, et on dit, appliquant une règle contre ce contour : « Vous voyez qu'en chaque point il y a une tangente ». Ou encore, pour donner la notion déjà plus abstraite de la vitesse vraie d'un mobile en un point de sa trajectoire, on dira : « Vous sentez bien, n'est-ce pas, que la vitesse moyenne entre deux points voisins de cette trajectoire finit par ne plus varier appréciablement quand ces points se rapprochent indéfiniment l'un de l'autre ». Et beaucoup d'esprits en effet, se souvenant que pour certains mouvements familiers il en paraît bien être ainsi, ne voient pas qu'il y a là de grandes difficultés.

Les mathématiciens, pourtant, ont bien compris le défaut de rigueur de ces considérations dites géométriques, et combien par exemple il est puéril de vouloir démontrer, en traçant une courbe, que toute fonction continue admet une dérivée. Si les fonctions à dérivée sont les plus simples, les plus faciles à traiter, elles sont pourtant l'exception. Ou, si l'on préfère un langage géométrique, les courbes qui n'ont pas de tangente sont la règle, et les courbes bien régulières telles que le cercle, sont des cas fort intéressants mais très particuliers.

Au premier abord, de telles restrictions semblent n'être qu'un exercice intellectuel, ingénieux sans doute, mais en définitive artificiel et stérile, où se trouve poussé jusqu'à la manie le désir d'une rigueur parfaite. Et le plus souvent, ceux auxquels on parle de courbes sans tangentes ou de fonctions sans dérivées commencent par penser qu'évidemment la nature ne présente pas de telles complications, et n'en suggère pas l'idée.

C'est pourtant le contraire qui est vrai, et la logique des mathématiciens les a maintenus plus près du réel que ne faisaient les représentations pratiques employées par les physiciens. C'est ce qu'on peut déjà comprendre en songeant, sans parti pris simplificateur, à certaines données expérimentales.

Étude expérimentale

De telles données se présentent en abondance quand on étudie les colloïdes. Observons, par exemple, un de ces flocons blancs qu'on obtient en salant de l'eau de savon. De loin, son contour peut sembler net, mais sitôt qu'on s'approche un peu, cette netteté s'évanouit. L'œil ne réussit plus à fixer de tangente en un point : une droite qu'on serait porté à dire telle, au premier abord, paraîtra aussi bien, avec un peu plus d'attention, perpendiculaire ou oblique au contour. Si on prend une loupe, un microscope, l'incertitude reste aussi grande, car chaque fois qu'on augmente le grossissement, on voit apparaître des anfractuosités nouvelles, sans jamais éprouver l'impression nette et reposante que donne, par exemple, une bille d'acier poli. En sorte que, si cette bille donne une image utile de la continuité classique, notre flocon peut tout aussi logiquement suggérer la notion plus générale des fonctions continues sans dérivées.
Et ce qu'il faut bien observer, c'est que l'incertitude sur la position du plan tangent en un point du contour [d'un flocon] n'est pas tout à fait du même ordre que l'incertitude qu'on aurait à trouver la tangente en un point du littoral de la Bretagne, selon qu'on utiliserait pour cela une carte à telle ou telle échelle. Selon l'échelle, la tangente changerait, mais chaque fois on en placerait une. C'est que la carte est un dessin conventionnel, où, par construction même, toute ligne a une tangente. Au contraire, c'est le caractère essentiel de notre flocon (comme au reste du littoral, si au lieu de l'étudier sur une carte on le regardait lui-même de plus ou moins loin), que, à toute échelle, on soupçonne, sans les voir tout à fait bien, des détails qui empêchent absolument de fixer une tangente.

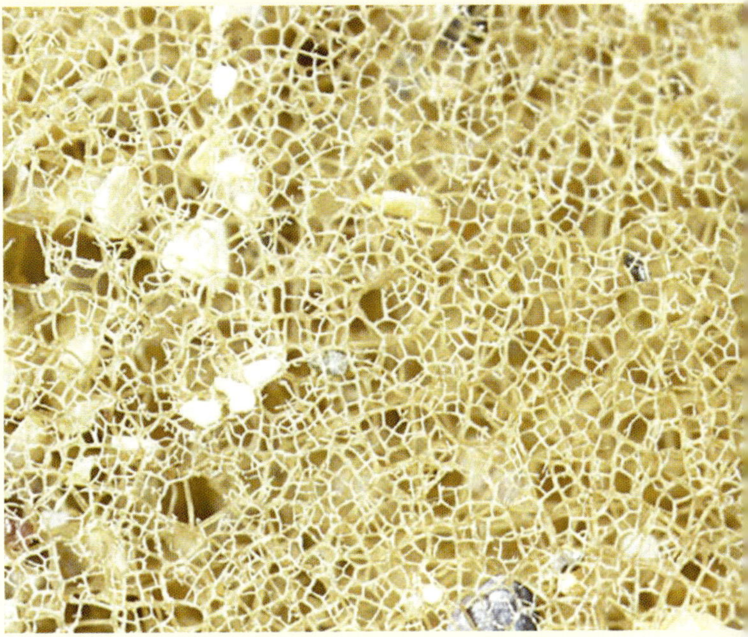

Eponge.
« En d'autres termes, à certains grossissements, pour certains procédés d'investigation, le continu régulier peut représenter les phénomènes, un peu comme une feuille d'étain qui enveloppe une éponge, mais qui n'en suit pas vraiment le contour délicat et compliqué. »

Mouvement brownien

Nous resterons encore dans la réalité expérimentale, si, mettant l'œil au microscope, nous observons le mouvement brownien qui agite toute petite particule en suspension dans un fluide. Pour fixer une tangente à sa trajectoire, nous devrions trouver une limite au moins approximative à la direction de la droite qui joint les positions de cette particule en deux instants successifs très rapprochés. Or, tant que l'on peut faire l'expérience, cette direction varie follement lorsque l'on fait décroître la durée qui sépare ces deux instants. En sorte que ce qui est suggéré par cette étude à l'observateur sans préjugé, c'est encore la fonction sans dérivée, et pas du tout la courbe avec tangente. J'ai d'abord parlé de contour ou de courbe, parce qu'on utilise d'ordinaire des courbes pour donner la notion de continu, pour la représenter. Mais il est logiquement équivalent, et physiquement il est plus général, de rechercher comment varie d'un point à l'autre d'une matière donnée, une propriété quelconque, telle que la densité, ou la couleur. Ici encore, nous allons voir apparaître le même genre de complications.

Détails à toutes les échelles

L'idée classique est bien certainement que l'on peut décomposer un objet quelconque en petites parties pratiquement homogènes. En d'autres termes, on admet que la différenciation de la matière contenue dans un certain contour devient de plus en plus faible quand ce contour va en se resserrant de plus en plus.

Or, loin que cette conception soit imposée par l'expérience, j'oserai presque dire qu'elle lui correspond rarement. Mon œil cherche en vain une petite région « pratiquement homogène », sur ma main, sur la table où j'écris, sur les arbres ou sur le sol que j'aperçois de ma fenêtre. Et si, sans me montrer trop difficile, je délimite une région à peu près homogène, sur un tronc d'arbre par exemple, il suffira de m'approcher pour distinguer sur l'écorce rugueuse les détails que je soupçonnais seulement, et pour, de nouveau, en soupçonner d'autres. Puis, quand mon œil tout seul deviendra impuissant, la loupe, le microscope, montrant chacune des parties successivement choisies à une échelle sans cesse plus grande, y révéleront de nouveaux détails, et encore de nouveaux, et quand enfin j'aurai atteint la limite actuelle de notre pouvoir, l'image que je fixerai sera bien plus différenciée que ne l'était celle d'abord perçue.

La notion du continu résulte d'un choix en somme arbitraire de notre attention parmi les données de l'expérience

On sait bien, en effet, qu'une cellule vivante est loin d'être homogène, qu'on y saisit une organisation complexe de filaments et de granules plongés dans un plasma irrégulier, où l'œil devine des choses qu'il se fatigue inutilement à vouloir préciser. Ainsi le fragment de matière qu'on pouvait d'abord espérer à peu près homogène, apparaît indéfiniment spongieux, et nous n'avons absolument aucune présomption qu'en allant plus loin on atteindrait enfin « de l'homogène », ou du moins de la matière où les propriétés varieraient régulièrement d'un point à l'autre.

Et ce n'est pas seulement la matière vivante qui se trouve ainsi indéfiniment spongieuse, indéfiniment différenciée. Le charbon de bois qu'on eût obtenu en calcinant l'écorce tout à l'heure observée, se fût montré de même indéfiniment caverneux. La terre végétale, la plupart des roches elles-mêmes ne semblent pas facilement décomposables en petites parties homogènes. Et nous ne trouvons guère comme exemples de matières régulièrement continues que des cristaux comme le diamant, des liquides comme l'eau, ou des gaz. En sorte que la notion du continu résulte d'un choix en somme arbitraire de notre attention parmi les données de l'expérience.

Il faut reconnaître au reste qu'on peut souvent, bien qu'une observation un peu attentive fasse ainsi généralement découvrir une structure profondément irrégulière dans l'objet que l'on étudie, représenter très utilement de façon approchée par des fonctions continues les propriétés de cet objet. Bien simplement, quoique le bois soit indéfiniment spongieux, on peut utilement parler de la surface d'une poutre qu'on veut peindre ou du volume déplacé par un radeau. En d'autres termes, à certains grossissements, pour certains procédés d'investigation, le continu régulier peut représenter les phénomènes, un peu comme une feuille d'étain qui enveloppe une éponge, mais qui n'en suit pas vraiment le contour délicat et compliqué.

Jean Perrin : *Les atomes* (1913)

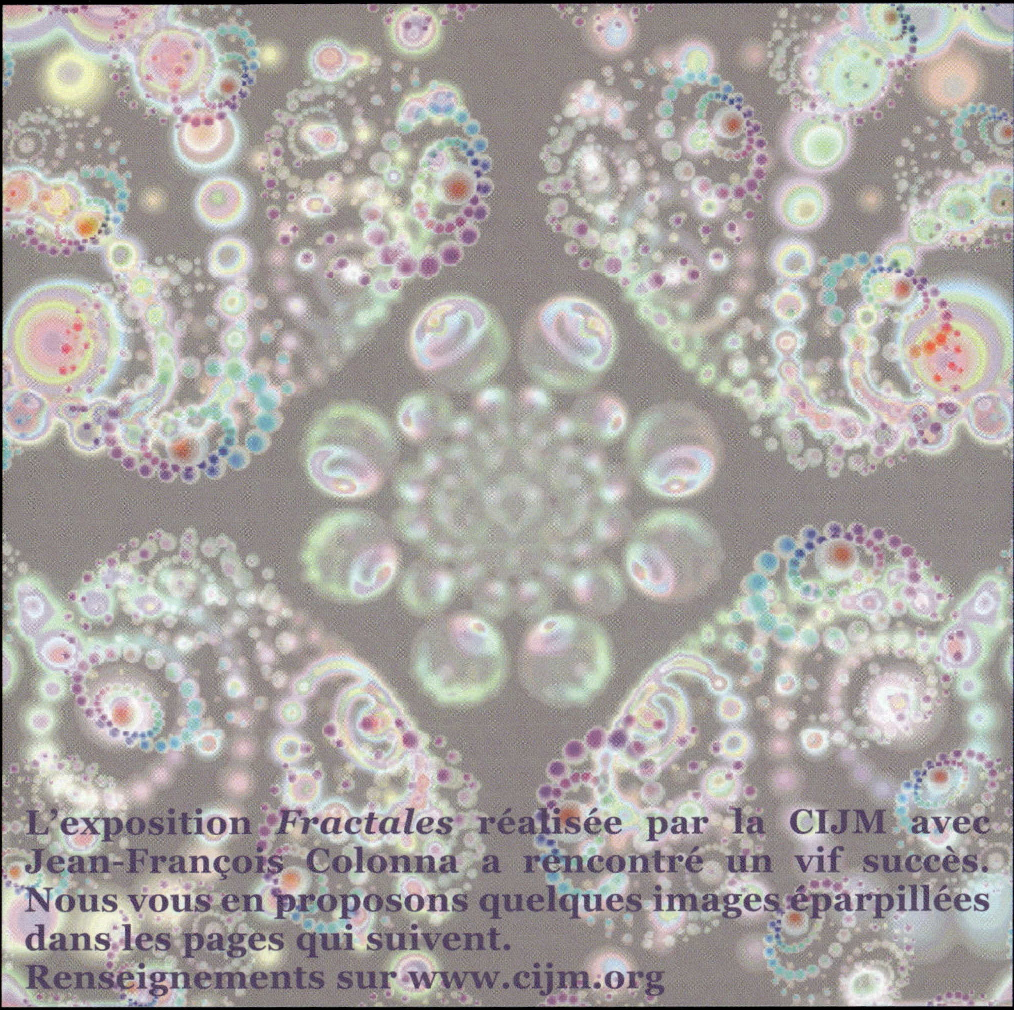

L'exposition *Fractales* réalisée par la CIJM avec Jean-François Colonna a rencontré un vif succès. Nous vous en proposons quelques images éparpillées dans les pages qui suivent.
Renseignements sur www.cijm.org

Vue artistique de l'atome d'hydrogene. J.-F. Colonna

Vue artistique de 128 ensembles de Julia dans le corps des quaternions.
J.-F. Colonna

Un ensemble de Julia dans le corps des quaternions. J.-F. Colonna

Fractales en bourse

La simple observation d'un graphe représentant le cours d'un actif en bourse renvoie intuitivement à l'idée de fractalité du marché financier.

La géométrie fractale est née en partie des travaux que Benoît Mandelbrot avait consacré à la finance au cours des années 60. C'est notamment l'observation des cours de la bourse qui a favorisé l'émergence de cette nouvelle idée.

Si l'on regarde un diagramme représentant le cours d'une denrée dans le temps, on observe des périodes de baisse et des périodes de hausse. Mais les périodes de hausses elles-même comportent des phases de baisse, et les périodes de baisse, des hausses partielles. Bref, la succession de hausses et de baisse est un motif qui se répète à toutes les échelles d'observation. Déjà, dans les années trente, Ralph Elliott avait souligné cette caractéristique, qu'il avait comparée au flux et au reflux de la marée sur le sable en inventant les termes vagues boursières ou vagues d'Elliot qu'il classait en *grandes marées, vagues normales, vaguelettes, tsunami* (nom japonais donné aux énormes vagues issues des tremblements de terre). On peut dire que cette théorie d'Elliott était, avant l'heure, une description fractales du marché boursier. Néanmoins, il manquait le matériel mathématique nécessaire pour en faire un modèle d'analyse scientifiquement valide.

Mandelbrot a saisi assez vite que les notions d'auto-similarité ou d'auto-affinité caractérisaient de manière essentielle les courbes représentant le cours d'une action ou d'une denrée dans le temps. Or c'est par ces même notions qu'il a défini plus tard les fractales.

Évolution de l'Indice Dow-Jone de 1923 à 1933.

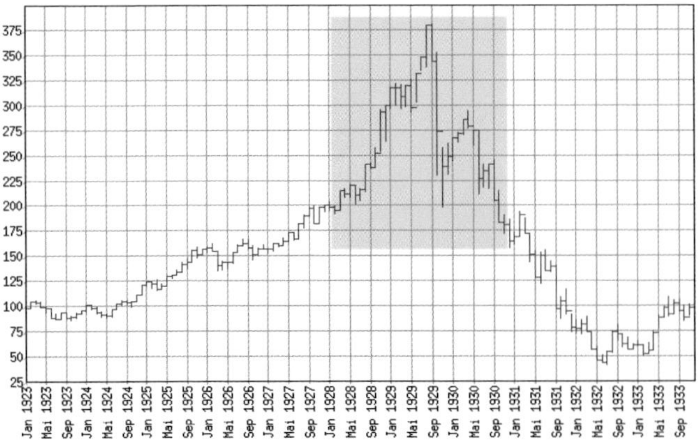

La foule des petits actionnaires devant l'édifice de la Bourse après le krach de 1929.

Le modèle classique

Au départ, les économistes avaient fait l'hypothèse que les grands changements de prix d'une denrée au cours du temps étaient indépendants entre eux. Plus précisément, ils ont fait l'hypothèse qu'en finance, les processus aléatoires ont des accroissements *indépendants* et *identiquement distribués de variance finie*. Ils ont également postulé la continuité des prix ce qui, vu l'aspect des courbes et l'hypothèse d'indépendance, leur a donné l'idée qu'un cours de bourse pouvait être représenté par un mouvement brownien (voir encadré).

Si on prend ce modèle, alors les distributions des changements de prix sont gaussiennes.

Cette hypothèse offre tout d'abord une certaine commodité de calcul, par exemple lorsque l'on veut passer d'une observation du marché à des intervalles de temps T à l'observation à des intervalles nT. Elle est valide pour des intervalles supérieurs à la dizaine de minutes et si les caractéristiques économiques du phénomène observé « ne changent pas trop » au cours du temps.

Par contre, elle échoue totalement à prendre en compte des phénomènes tels que les flambées ou les krachs boursiers.

Il a donc fallu supposer l'existence de distributions non gaussiennes, ou distributions leptokurtiques, pour s'accorder avec la réalité. du marché financier.

Contrairement au mouvement brownien, le modèle de Mandelbrot permettait d'intégrer des événements imprévisibles et spectaculaires comme les krachs.

Le modèle standard des variations boursières

Proposé dès 1900 par Louis Bachelier, il représente les variations boursières de la façon suivante :

r_t étant la rentabilité d'un actif à la date t,

$dr_t = \mu\, dt + \sigma\, dW_t$

où W_t est un mouvement brownien standard, μ représente l'espérance de rentabilité instantanée et σ est appelé volatilité.

La volatilité est une mesure de la dispersion potentielle des rentabilités boursières.

Distributions α-stables
On dit qu'une variable aléatoire X est α-stable si pour tout couple (c_1, c_2), il existe α dans $]0, 2]$ et d dans $\mathbb{R}$ tels que

$$c_1 X_1 + c_2 X_2 = cX + d$$

avec $c^\alpha = c_1{}^\alpha + c_2{}^\alpha$.
Où X_1 et X_2 sont deux copies indépendantes de X. Le paramètre α est l'exposant caractéristique des lois stables. Il est égal à 2 dans une distribution gaussienne, et a une valeur inférieure à 2 dans les distributions proposées par Mandelbrot comme modèles des phénomènes boursiers. Pour le cours du coton, il a trouvé $\alpha = 1{,}7$.

C'est lorsqu'il s'est agit de modéliser la volatilité que l'hypothèse fractale s'est de nouveau imposée.

Recherche de lois d'échelle

Il est légitime de se poser la question suivante : pour dégager une loi de probabilité régissant les variations boursières, à quelle échelle de temps doit-on observer le marché ? Doit-on le faire sur des intervalles de l'ordre de l'heure, la journée, la semaine, le mois, l'année ? De plus, cette loi de probabilité doit-elle être la même à toutes les échelles ? En effet, il n'y a pas a priori de raison pour qu'une loi établie sur du court terme reste valable à long terme. Dans les années 60, Mandelbrot qui étudiait le cours du coton entre 1815 à 1958, eut l'idée de l'analyser simultanément sur plusieurs échelles de temps. Il avait en effet l'intuition que les rentabilités périodiques possédaient une invariance d'échelle, autrement dit, que le marché avait une structure fractale. Dans un tel marché, les tendances à long terme seraient prévisibles à partir du comportement des données à court terme. En fait, en pratique, les acteurs des marchés appliquent de nos jours cette règle, par exemple lorsqu'ils annualisent la volatilité d'un actif (pour obtenir la volatilité sur un an, ils multiplient la volatilité sur un mois par un certain coefficient). Dans le secteur bancaire, un certain nombre des décisions destinées à contrôler les risques à long terme sur les opérations de marché sont prises en fonction du niveau de risque à court terme.

Distributions α-stables

Puisque les distributions gaussiennes ne reflétaient pas la discontinuité intrinsèque des marchés financiers, Mandelbrot décida en 1962 d'utiliser les distributions α-stables à variance infinie étudiées par Paul Lévy (voir encadré). Celles-ci induisaient la propriété d'invariance d'échelle, autrement dit le caractère purement fractal du marché. Ce modèle α-stable permettait d'intégrer des événements imprévisibles et spectaculaires comme les krachs (ce que Mandelbrot appelait l'*effet Noé*, par allusion au Déluge). Vers la fin des années soixante, le modèle sera validé et on cherchera à estimer dans des cas précis les paramètres des distributions α-stables.

Limites du modèle fractal

Malheureusement, le modèle α-stable s'avéra limité à cause de la difficulté d'estimer le paramètre α. Dès 1965, Eugène Fama, élève de Mandelbrot, soulignait que les méthodes d'estimation de l'exposant α étaient peu sûres. Dans les années 70, 80 et 90, divers travaux de mathématiciens et d'économistes montrèrent qu'on pouvait trouver un α différent selon la méthode choisie pour le calculer. Par exemple, Walter vérifia en 1999 que la taille des échantillons étudiés avait une influence : α augmente si on baisse la taille des échantillons. Cette « instabilité » du paramètre α est ce que l'on a appelé l'*anomalie scalante*.
L'anomalie scalante a conduit les chercheurs à tenter de modifier le modèle de Mandelbrot. Une solution était de limiter l'invariance d'échelle en introduisant des changements de régimes, ou *cross-over*, à certaines échelles de temps.
Dans les années 90, la notion de structure fractale des marchés et les termes inventés par Mandelbrot, comme *effet Noé*, ont réapparu dans les articles de finance. C'est en particulier lorsqu'il s'est agit de modéliser la volatilité que l'hypothèse fractale s'est de nouveau imposée.
Aujourd'hui, les recherches portent sur la mesure du temps elle-même. Au lieu de relever les cours à des intervalles de temps fixés, on les relève à chaque fois qu'il se passe un échange réel sur le marché. Ces modélisations à *temps déformé* sont en cours de développement.

G. O.

Au-delà
de la porte.
J.-F. Colonna

Faites entrer dans l'ordinateur des équations d'apparence anodine et vous verrez apparaître à l'écran faunes, flores réalistes, paysages de rêves ou univers mystérieux.

par É. Janvresse & T. de la Rue

Étranges attracteurs : la magie des IFS

Transformer une citrouille en fougère, voire en carrosse ? C'est possible grâce aux IFS, une technique de construction de fractales qui possède des applications inattendues en compression d'images.

Le "triangle de Sierpinski" est la réunion de trois "triangles" semblables à lui-même.

Qu'est-ce qui caractérise un objet fractal ? La réponse la plus souvent donnée dit que c'est un objet dont chaque "morceau" ressemble à l'objet tout entier. Le célèbre triangle de Sierpinski par exemple est constitué de trois triangles plus petits exactement semblables au triangle tout entier. La généralisation et la formalisation mathématique de cette propriété conduisent à la notion d'IFS (**Iterated Function System**).

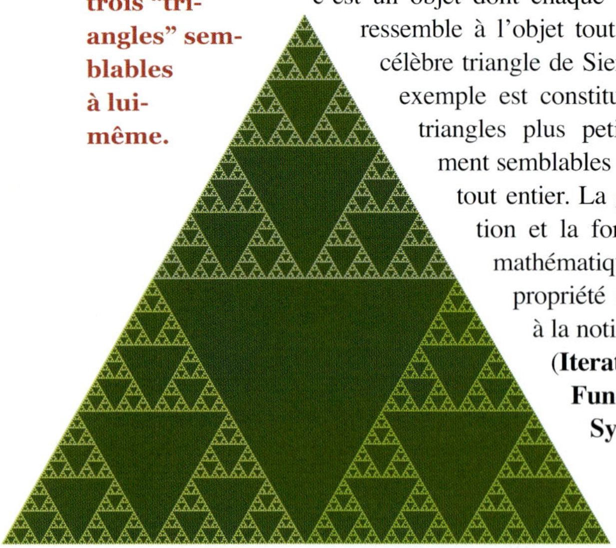

Le triangle de Sierpinski est l'attracteur de l'IFS constitué des trois homothéties qui transforment le grand triangle équilatéral en chacun des trois petits.

Points fixes de contraction

Puisque zoomer sur une portion de l'objet fractal le fait apparaître en entier, cela signifie qu'il est invariant par une certaine opération. En effet, nous allons voir qu'une fractale peut souvent être définie comme le point fixe d'une transformation agissant sur les parties du plan.

Soit D un sous-ensemble du plan. On dira qu'une application $S : D \to D$ est une *contraction* s'il existe une constante c dans $]0, 1[$, appelée facteur de contraction, telle que pour tous x, y dans D,

$$|S(x) - S(y)| \leqslant c\,|x - y|.$$

Lorsque l'inégalité précédente est remplacée par une égalité, on parlera de *similitude* car un objet obtenu en appliquant S est géométriquement similaire à l'objet dont il est issu (il est évidemment plus petit puisque $c < 1$).

Considérons maintenant toute une famille de contractions $(S_i)_{\{i = 1,\dots, m\}}$.

Figure 2. Transformation d'une citrouille en fougère par l'action d'un IFS comportant trois similitudes. Les images montrent le résultat après 1, 5, 10, 22 et 100 itérations.

À cette famille on associe un "IFS" S qui agit de la façon suivante sur les parties de D : pour tout E inclus dans D, on définit S(E) comme la réunion des S_i(E). Un sous-ensemble F de D sera dit invariant par S ou *attracteur* de S si c'est un point fixe pour S, i.e. si S(F) = F. Un tel invariant est très souvent un objet fractal : si par exemple toutes les S_i sont des similitudes, F est la réunion des S_i(F) qui sont chacun semblables à F.
Le triangle de Sierpinski est ainsi l'attracteur de l'IFS constitué des trois homothéties qui transforment le grand triangle équilatéral en chacun des trois petits.
Le théorème du point fixe (voir *encadré*) permet de montrer qu'un IFS admet toujours un unique attracteur : les (S_i) étant des contractions, S est une contraction pour une nouvelle distance, appelée distance de Hausdorff, définie entre des parties de D. L'attracteur de l'IFS — même très complexe — est donc parfaitement défini par la donnée de la famille (S_i). De plus, celui-ci peut-être obtenu à partir de n'importe quel sous-ensemble E de D : si on observe les images successives S(E), S^2(E), … on s'aperçoit qu'elles s'approchent de plus en plus du point fixe de l'IFS, phénomène qui justifie le terme d'*attracteur*. Et en effet, la distance de Hausdorff entre S^k(E) et l'attracteur décroît vers 0 avec k quel que soit l'ensemble de départ E. Cette convergence est illustrée sur la figure 2 . L'attracteur de l'IFS utilisé est une fougère, obtenue par itérations de l'IFS sur une citrouille. On aurait bien sûr eu le même résultat en partant d'un crapaud ou d'un lapin !

BIBLIOGRAPHIE

Barnsley M.F. ***Fractals Everywhere,*** 1998, Academic Press. Orlando, FL.

Falconer K. ***Fractal Geometry, Mathematical Foundations and Applications,*** 1990, Wiley.

Tout comme le célèbre codage JPEG, l'algorithme de codage par IFS compresse l'image en la dégradant.

La distance de Hausdorff

On va définir une distance entre certains sous-ensembles du plan. Pour cela, considérons l'ε-expansion d'un sous-ensemble A non vide, obtenue en lui ajoutant les points qui se trouvent à une distance inférieure à ε de A :
$A_\varepsilon = \{ x \mid \text{il existe } a \text{ dans A tel que } |x - a| \leqslant \varepsilon \}$. Un ensemble A est fermé s'il est égal à l'intersection de ses ε-expansions pour tout $\varepsilon > 0$.
La distance de Hausdorff notée $d(A, B)$ entre deux parties fermées, bornées et non vides A et B est le plus petit $\varepsilon \geqslant 0$ tel que B est inclus dans l'ε-expansion de A et A est inclus dans l'ε-expansion de B.
Nous allons vérifier que d est bien une distance. Bien sûr, $d(A, B) \geqslant 0$ pour tous A et B. De plus, $d(A, B) = 0$ implique que A = B (car A et B sont fermés) et d est symétrique par définition.
Il reste à montrer que cette distance satisfait l'inégalité triangulaire. Fixons A, B et C. « A inclus dans B_ε » signifie que pour tout point a de A, il existe un point b de B tel que $|b - a| \leqslant \varepsilon$. Pour tout a dans A, il existe donc b dans B tel que $|a - b| \leqslant d(A, B)$. De même, on peut associer à ce point b un point c dans C tel que $|b - c| \leqslant d(B, C)$. Finalement, par l'inégalité triangulaire dans le plan, pour tout a dans A il existe c dans C tel que :

$$|a - c| \leqslant |a - b| + |b - c| \leqslant d(A, B) + d(B, C).$$

En inversant les rôles de A et C, on conclut que $d(A, C) \leqslant d(A, B) + d(B, C)$, et donc d vérifie aussi l'inégalité triangulaire.

Figure 3. Exemple de petit et grand blocs mis en correspondance lors de la compression par IFS.

Il reste alors à savoir quelles sont les parties du plan qui peuvent être représentées ou approximées par l'ensemble invariant d'un IFS. Le *théorème de collage* nous dit que c'est le cas de presque toutes (voir le livre de Falconer cité en référence). Si la famille des contractions qui décrit l'ensemble est très grande, ce résultat n'est en pratique pas très intéressant. Par contre, les IFS permettent de définir en peu de mots des objets graphiquement assez complexes comme les fractals. Par exemple, on décrit complètement le triangle de Sierpinski en disant que c'est l'attracteur du système formé par les trois homothéties dont les centres sont les trois sommets d'un triangle équilatéral, et les rapports tous égaux à 1/2.

Compression d'images par IPS

Cette observation inspira à Michael Barnsley l'idée d'utiliser les IFS pour stocker des images numériques de façon compressée. Dans son livre intitulé *Fractals everywhere*, Barnsley affirme que les objets qui nous entourent possèdent très souvent une nature fractale. En particulier dans toute photographie on doit pouvoir retrouver des motifs similaires à des échelles différentes. L'idée de Barnsley consiste donc à décrire une photographie numérique comme l'attracteur d'un système de contractions. Une fois donné ce système, on peut partir d'une image quelconque pour itérer l'IFS : le résultat converge rapidement vers la photographie que l'on cherche à reconstituer.
En pratique, la compression fractale d'une image s'obtient de la façon suivante : l'image est découpée en petits blocs carrés (par exemple 8×8 pixels) ; on se donne une taille de blocs plus grands, dont les dimensions sont multiples de celles des petits blocs (par exemple 24×24 pixels). Pour chacun des petits blocs, on cherche dans l'ima-

ge le grand bloc qui, après changement d'échelle, lui ressemblera le plus possible (voir figure 3). Le codage de l'image consiste à donner successivement, pour chacun des petits blocs, la position du grand bloc correspondant et la transformation affine des intensités des pixels qui permet de l'approcher le mieux. Ainsi, l'IFS qui décrit l'image comporte autant de contractions qu'il y a de petits blocs. À la différence des IFS "classiques" décrits précédemment, chaque contraction n'agit que localement, sur un domaine de la taille d'un grand bloc. L'image initiale est approchée par l'attracteur de l'IFS ; la décompression s'effectue en itérant ce dernier à partir d'une image quelconque (voir figure 4).

Figure 4. Transformation d'une citrouille en carrosse lors de la reconstruction de l'image codée par IFS. Les images montrent les résultats obtenus après 1, 2, 3, 4 et 10 itérations.

Comparaison avec la compression JPEG

Tout comme le célèbre codage JPEG, l'algorithme de codage par IFS compresse l'image en la dégradant : l'image reconstruite n'est qu'une approximation de l'originale. La qualité de cette approximation peut être réglée par différents paramètres, notamment la taille des blocs. Le taux de compression obtenu, pour une qualité donnée, est comparable à celui du JPEG. Mais le codage par IFS souffre d'un inconvénient majeur : le calcul de l'IFS au moment de la compression nécessite beaucoup de temps. En effet, il faut comparer chaque petit bloc avec chaque grand bloc pour minimiser l'écart. Par contre, plus besoin de baguette magique : quelques itérations de l'IFS suffisent à transformer une citrouille en carrosse !

É. J. & T. R.

Théorème du point fixe

Étant donnée une application f d'un ensemble X dans lui-même, il est souvent intéressant de connaître ses *points fixes*, c'est-à-dire les points x tels que $f(x) = x$. Si X est muni d'une distance, et si f est une contraction, il est facile de voir qu'il ne peut pas exister deux points fixes distincts x et y. En effet, la distance entre $f(x)$ et $f(y)$ doit être strictement plus petite que la distance entre x et y, ce qui est évidemment impossible si $x = f(x)$ et $y = f(y)$.

Une contraction possède donc au plus un point fixe. Par ailleurs, un théorème utile dans de multiples domaines mathématiques garantit l'existence d'un point fixe pour une contraction, sous certaines conditions sur la distance utilisée (conditions remplies par la distance de Hausdorff). Trouver cet unique point fixe est extrêmement simple : partant d'un point x quelconque il suffit de regarder la suite $f(x), f(f(x)), f(f(f(x))),...$ qui converge vers ce point fixe. C'est le cas par exemple d'une homothétie du plan de rapport 1/2 : si on part d'un point quelconque du plan et si on itère l'homothétie, on se rapproche de plus en plus du centre de l'homothétie qui est l'unique point fixe, puisque la distance à ce centre est à chaque fois divisée par 2.

par Raquel Azran

Des fractales pour arrêter le bruit

La géométrie « déchiquetée » des fractales est particulièrement appropriée pour absorber les vibrations sonores. Bernard Sapoval et Marcel Filoche du laboratoire de Matière condensée de l'École Polytechnique viennent de découvrir comment. En collaboration avec la firme Colas, ils ont mis au point un « mur anti-bruit » aux performances d'absorption encore inégalées.

Plus du quart de la population de l'Union Européenne se plaint d'être gêné quotidiennement par le bruit. Sans parler des voisins indélicats, cette gêne est principalement causée par les transports routiers, ferroviaires ou aériens et les bruits industriels. Si l'on ne peut encore rien pour vos voisins, une bataille vient en revanche d'être gagnée sur la pollution sonore des routes et autoroutes.

Mur fractal.

En effet, en collaboration avec le groupe Colas, l'équipe de Bernard Sapoval de l'École Polytechnique vient de mettre au point un mur anti-bruit très absorbant qui utilise la géométrie des fractales. Un brevet a été déposé et un prototype a été construit : un panneau de dimension 4 mètres sur 4 mètres, associant l'emploi d'un matériau en béton de bois à une morphologie de surface sophistiquée, composée de troncs de cônes et de pyramides disposés de façon répétitive. Ce mur est environ 40 % plus efficace que les panneaux acoustiques classiques placés en bordures des routes. Selon la norme européenne en vigueur, le gain global est de 6 décibels, ce qui signifie que le panneau réfléchit quatre fois moins d'énergie acoustique que les meilleurs panneaux connus à ce jour.

Le mur fractal est environ 40 % plus efficace que les panneaux acoustiques classiques placés en bordures des routes.

Surface « illimitée »

Le principe consiste à utiliser la principale caractéristique des fractales : construire des surfaces illimitées dans un volume limité, en réitérant un motif à l'infini. Ainsi, la célèbre courbe de Von Koch est construite de telle sorte qu'en itérant le motif du triangle à l'infini, sa longueur devient infinie (elle vaut $(4/3)^n$ où n est le nombre d'itérations du motif), son aire restant bornée. On peut appliquer le même principe à une surface enfermée dans un volume. Évidemment, en pratique, le motif n'est pas répété un nombre infini de fois. Il n'en reste pas moins que l'on obtient une surface, sinon infinie, du moins très grande sur un volume réduit. La géométrie fractale du mur offre donc une surface d'absorption des ondes acoustiques plus importante qu'un panneau classique à géométrie lisse.

Là où un panneau classique ne se distingue que par la qualité et le pouvoir d'absorption de son matériau, le panneau fractal y associe ingénieusement la géométrie.

Pourtant, ce nouveau mur anti-bruit ne se réduit évidemment pas à un gain de surface d'absorption. Sinon, comment expliquer que l'idée, somme toute assez simple, n'ait pas germé plus tôt dans l'esprit d'ingénieurs ou d'architectes astucieux ?

Tout d'abord, une contrainte d'ordre technique : le moulage (et le démoulage) de formes très irrégulières n'est pas chose aisée ; le procédé est par conséquent onéreux. Il fallait donc réussir à contourner ce double obstacle matériel dans la conception et la réalisation du panneau et garder un prix compétitif. Pari réussi grâce à Didier Peyrard, directeur technique de la Somaro, filiale de Colas.

Détails du mur fractal..

Une notion toute nouvelle : la localisation par la frontière

Mais surtout, les objets fractals ont une propriété qui nous intéresse ici tout particulièrement : ce sont de piètres résonateurs ; on dit que les objets fractals « vibrent mal », ou encore qu'ils ont un fort pouvoir d'amortissement des vibrations. C'est pourquoi les chambres sourdes, sans écho, dites chambres anéchoïques, sont construites en recouvrant murs et plafonds de matériaux absorbants en forme de pyramide. Cette constatation empirique méritait d'être comprise pour être exploitée au mieux. C'est maintenant chose faite grâce aux travaux de Bernard Sapoval : il a découvert le « pourquoi » de cette particularité des objets fractals. Cette propriété, c'est la localisation par la frontière.

Les objets fractals ont un fort pouvoir d'amortissement des vibrations.

En voici l'explication. Un son est une perturbation périodique provoquée par une onde acoustique. Or, dans le cas d'une excitation sonore périodique venant se « frotter » à une structure fractale, on constate que certains modes de vibration sont localisés dans des régions précises de la structure. En fait, ces vibrations sont en quelque sorte « piégées » dans les anfractuosités du mur. Ailleurs, elles sont faibles car la géométrie de la surface induit des interférences destructives. Plus le périmètre de la surface fractale est grand, plus le confinement de ces modes est important. C'est ce phénomène que l'on appelle la localisation par la frontière. Les vibrations ainsi concentrées sont plus efficacement absorbées par le panneau que si celui-ci vibrait partout de façon uniforme. « *Pour certains modes de vibration, la localisation contribue à un sur-amortissement car la concentration d'énergie en un ou plusieurs endroits exploite mieux la capacité d'absorption du matériau* », explique Bernard Sapoval. Il en résulte que ces vibrations sont considérablement amorties : le son est atténué, voire assourdi.

D'autres progrès en perspective

Néanmoins, tous les modes ne sont pas localisés. La localisation dépend de la fréquence de la perturbation sonore. En fait, elle est significative lorsque la longueur de l'onde sonore est de l'ordre de la taille des irrégularités de la surface fractale.

On connaît à présent la théorie et les règles qui régissent l'atténuation du bruit par une structure fractale. Le mur anti-bruit qui utilise cette toute nouvelle théorie n'en est qu'à ses débuts. Il n'est pour l'instant qu'un compromis entre les principes existants et leur mise en œuvre.

« *Nul doute que l'on pourra bientôt obtenir des résultats bien plus performants encore. Ne serait-ce que si l'on avait réalisé le mur dessiné et prévu par le brevet, on diminuerait encore d'un facteur 5 l'énergie déjà faible réfléchie par le prototype* », affirme, confiant, le chercheur.

R. A.

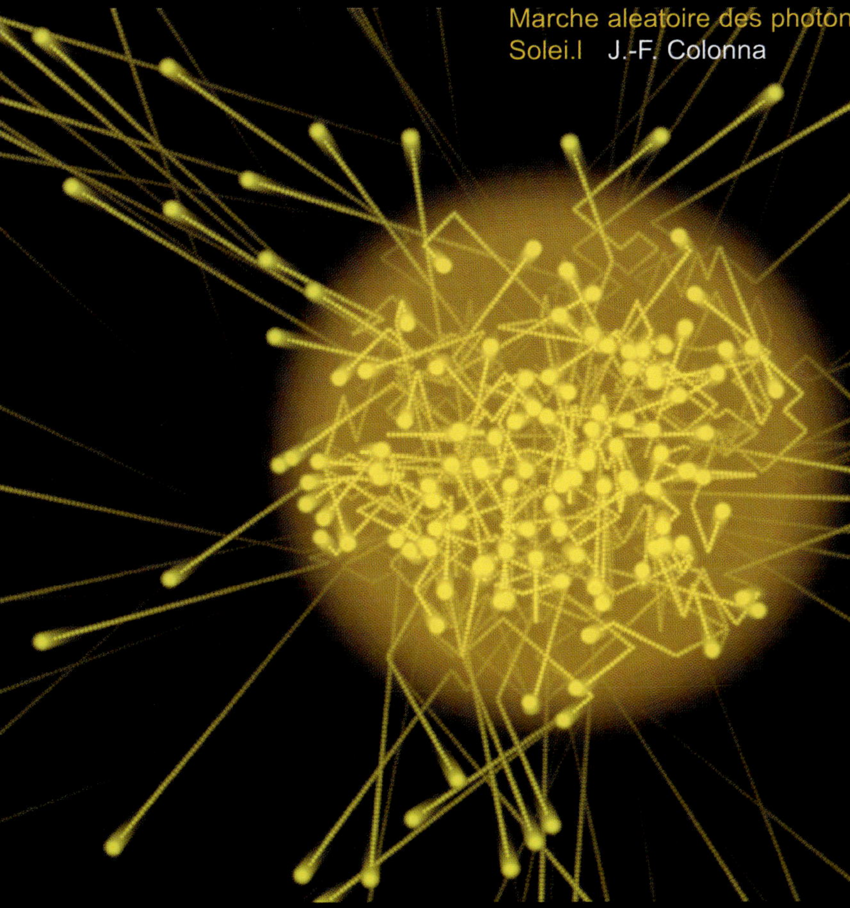

Marche aléatoire des photons produits au coeur du Soleil J.-F. Colonna

Le mouvement brownien est une suite de tous petits déplacements aléatoires, indépendants et isotropes, c'est-à-dire ayant la même probabilité de se produire dans toutes les directions.
La théorie physique du mouvement brownien fut élaborée entre 1905 et 1910 par Einstein, Langevin, Perrin. Son côté mathématique ne fut développé que plus tard vers 1920 par Wiener puis Lévy.
Le déplacement aléatoire des particules est un mouvement brownien, créant des irrégularités qui peuvent être décrites par la géométrie fractale. Il devient alors possible de modéliser un hasard.

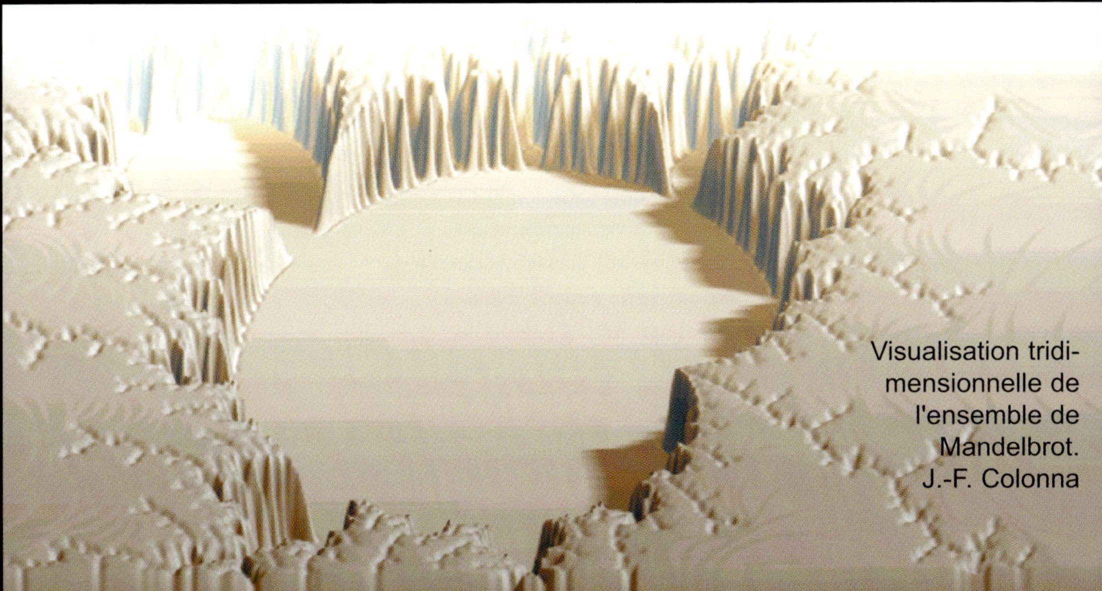

Visualisation tridimensionnelle de l'ensemble de Mandelbrot. J.-F. Colonna

par Annick Lesne

Fractales : aux limites du réel

Depuis Mandelbrot, on reconnaît des fractales dans de nombreux phénomènes naturels et on parle couramment de la dimension fractale de la côte de Bretagne, des poumons, des éclairs, des cours boursiers ou des choux-fleurs. Mais une tranche de chou-fleur ressemble-t-elle encore à un flocon de Koch si elle est vue de très près ou de très loin ?

Quel est vraiment le rapport entre ces formes naturelles et les fractales abstraites, sur lesquelles les mathématiciens ont développé la géométrie fractale, et qu'apporte-t-il ? C'est ce que nous allons tenter d'éclaircir.

Des monstres mathématiques

Les mathématiciens connaissent depuis plus d'un siècle des objets invariants d'échelle, mais ils les ont tout d'abord considérés comme des curiosités ou des contre-exemples: courbe remplissant l'espace, partout dense (courbe de Hilbert, [Hilbert 1891]), courbe continue mais nulle part dérivable (courbe de Koch [Koch 1904]), ensemble non dénombrable mais de mesure nulle (ensemble de Cantor [Cantor 1883]), ensemble dont tout point est un point de ramification (tamis de Sierpinski [Sierpinski 1913]).

À l'époque, ce n'était pas l'auto-similarité de ces structures mais ses conséquences mathématiques, par exemple leur non-dérivabilité, qui étaient soulignées. C'est à partir de ces objets mathématiques, définis par des algorithmes réguliers et déterministes (*fig.* 1), que la notion de dimension fractale a été élaborée.

C'est l'émergence de la notion d'invariance d'échelle en physique et sa réalité expérimentale qui ont transformé le dédain initial pour les "monstres mathématiques" en vif intérêt.

figure 1

Le *tamis* de Sierpinski, ensemble dont tous les points sont des points de branchement. La figure montre l'algorithme générateur et le résultat après 3 itérations. La version tridimensionnelle de cet objet (« *éponge* de Sierpinski) modélise un matériau poreux *idéal*.

Le résultat obtenu en itérant à l'infini le schéma de construction du *tamis* de Sierpinski et en faisant tendre vers 0 le côté du triangle servant de germe, est un objet fractal, présentant des *vides* à *toutes les échelles*. Sa dimension fractale strictement comprise entre 1 et 2, évalue le caractère lacunaire de ctte structure plane. Une pierre ponce vérifie ce caractère poreux à un très grand nombre d'échelles.

La géométrie fractale de la Nature

Le mérite revient à Mandelbrot, auteur de l'ouvrage fondateur *La géométrie fractale de la Nature* [Mandelbrot 1982], d'avoir montré la réalité, l'universalité et l'applicabilité de la géométrie fractale. L'exemple typique est celui de la côte de la Bretagne [Mandelbrot 1967], dont la longueur varie avec le pas de l'arpentage choisi pour la mesurer. Le lecteur pourra tester cette propriété en mesurant la longueur de la côte sur des cartes d'échelles différentes, depuis l'atlas jusqu'à la carte d'état-major; c'est sur cette dernière qu'on obtient la longueur (ramenée à l'échelle) la plus grande. Cet exemple montre que la notion de longueur n'a plus de sens pour une courbe fractale. C'est la dimension fractale, exposant décrivant le lien entre les mesures effectuées à diverses résolutions, qui devient la caractéristique pertinente

C'est aussi l'émergence de la notion d'invariance d'échelle en physique et sa réalité expérimentale qui ont transformé le dédain initial pour les *monstres mathématiques* auxquels semblaient se réduire les fractales en vif intérêt et suscité de nombreux travaux, aussi bien en mathématiques qu'en physique [Laguës et Lesne 2003].

Fractales naturelles

Quelques précautions sont nécessaires pour appliquer les notions de la géométrie fractale à des structures naturelles. Les objets fractals naturels sont aléatoires, si bien que l'auto-similarité, recherchée en agrandissant un détail,

figure 2

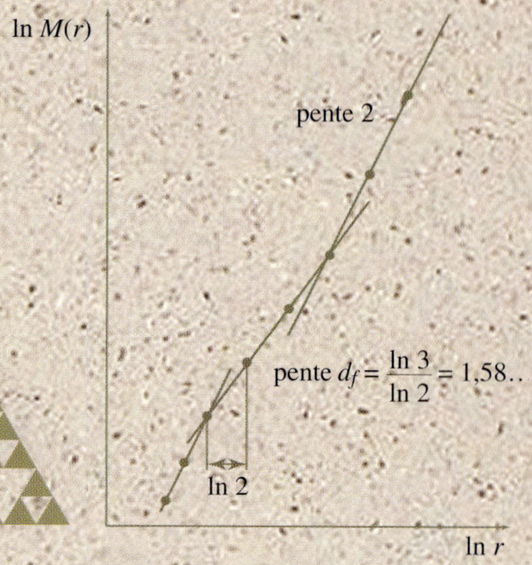

Exemple, sur une fractale artificielle (une juxtaposition homogène du tamis de Sierpinski obtenu sur la figure 1) de ce qui est typiquement observé pour une fractale réelle: au-delà d'une certaine échelle, et aussi à très petite échelle, la fractale redevient une structure euclidienne. À droite, on exploite la relation $M(r) \sim r^{d_f}$, où $M(r)$ est la masse d'une portion d'extension linéaire r, pour déterminer la dimension fractale.

Alors que le tamis de Sierpinski est exactement auto-similaire, une fractale naturelle sera seulement statistiquement auto-similaire.

ne sera évidente qu'après avoir moyenné le résultat sur un grand nombre de réalisations de l'objet, ou spatialement.

Alors que le tamis de Sierpinski est exactement auto-similaire, une fractale naturelle sera seulement statistiquement auto-similaire.

Une seconde mise en garde est que les fractales naturelles ne sont pas fractales à toutes les échelles, mais seulement dans un domaine fini d'échelles de longueur, en dehors duquel on retrouve une structure homogène. Nous pouvons reproduire cette propriété à l'aide du tamis de Sierpinski de la figure 1. Supposons qu'on change le mode de construction après avoir effectué les trois premières étapes, et qu'on assemble alors de façon jointive des copies du tamis d'ordre 3. On obtient un objet homogène à grande échelle, dont les cellules élémentaires sont toutes identiques au tamis d'ordre 3 (figure 2). Cela se traduit par une transition observable sur la dépendance de la masse $M(r)$ (ou de la densité $\rho(r) = M(r)/r^2$) par rapport à la taille r de la partie de l'objet que l'on regarde: si on observe un détail de l'objet, la masse ou la densité mesurées sont sensibles au caractère fractal présent aux petites échelles; par contre, si on observe un échantillon de grande taille, c'est l'assemblage homogène qui est la structure dominante et qui régit la dépendance de $M(r)$ et $\rho(r)$.

À l'autre extrême, aux très petites échelles, l'observation se situe ou bien dans une lacune, ou bien dans un triangle plein et on retrouve également une structure homogène de dimension 2.

Cet exemple, quoique formel, est néanmoins instructif parce que le comportement obtenu reproduit ceux qu'on observe effectivement dans la nature (figure 3). C'est ce point que nous allons maintenant détailler.

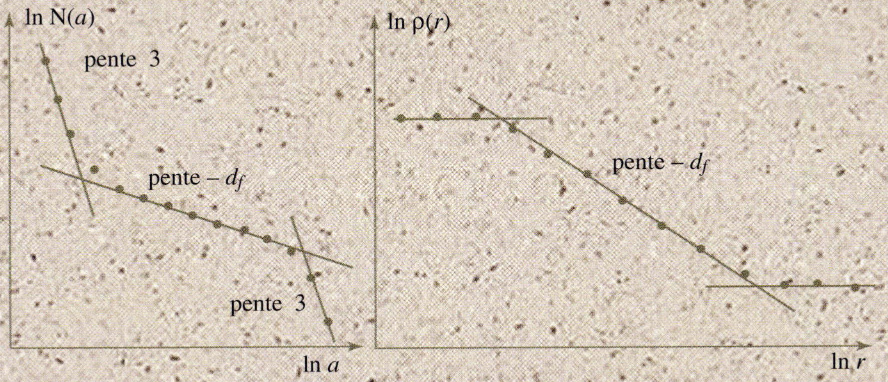

Exemple (fictif) de ce que donnerait la détermination expérimentale de la dimension fractale d'une roche poreuse. À gauche, méthode de partition et comptage («box counting»); à droite, méthode par évaluation de la densité volumique. Ce type de graphe avec rupture de pentes est la règle pour des données expérimentales réelles.

Détermination expérimentale de la dimension fractale

L'analyse d'une fractale idéale (régulière, sans bornes inférieures ni supérieures sur les échelles, par exemple le tamis de Sierpinski de la figure 1), suggère au moins trois relations à partir desquelles déterminer la dimension fractale. Si on subdivise l'espace occupé par la structure fractale en cellules de côté a, le nombre $N(a)$ de cellules nécessaires pour recouvrir la fractale se comporte comme $N(a) \sim a^{-d_f}$.

La masse $M(r)$ d'une portion d'extension linéaire r se comporte comme $M(r) \sim r^{d_f}$.

En introduisant la dimension d_0 de l'espace euclidien contenant la fractale, on peut enfin étudier la densité (volumique si $d_0 = 3$, surfacique si $d_0 = 2$, linéique si $d_0 = 1$:

$$\rho(r) \equiv \frac{M(r)}{r^{d_0}} \sim r^{d_f - d_0}.$$

La pente des graphes $\ln a \to \ln N(a)$, $\ln r \to \ln M(r)$ ou $\ln r \to \ln \rho(r)$ respectivement égale à $-d_f$, d_f et $d_f - d_0$, donne accès à la dimension fractale.

Pour une fractale réelle, il faut d'abord considérer des moyennes statistiques ou, puisqu'on ne dispose en général que d'un seul échantillon, des moyennes spatiales obtenues en moyennant les résultats calculés sur des sous-échantillons. On obtient alors des exposants déterminés, mais dépendant *a priori* de l'échelle à laquelle on se place :

$$N(a) \sim a^{d_f(a)},\ M(r) \sim r^{d_f(r)},$$
$$\rho(r) \sim r^{d_f(r) - d_0}.$$

Avant de parler de dimension fractale, il faut tout d'abord tester l'*auto-similarité* de la structure : $d_f(a)$ doit être indépendant de a (ou $d_f(r)$ doit être indépendant de r, suivant la méthode de détermination choisie). En pratique, on obtiendra au mieux des exposants lentement variables par rapport à l'échelle d'observation. Parler de fractale aura un sens si $d_f(a) = cte$ (respectivement, $d_f(r) = cte$) sur une gamme assez grande d'échelles pour a (ou r), au moins plusieurs décades. Aux deux extrémités de cette fenêtre d'échelles $[a_m, a_M]$ (ou $[r_m, r_M]$) où la structure se comporte effectivement comme une fractale, on observe des changements de régimes à la suite desquels la structure redevient euclidienne et la dimension (de façon équivalente, la pente sur les graphes mentionnés ci-dessus) égale à une dimension topologique, entière.

Quelques exemples

Prenons l'exemple d'une roche poreuse. Bien qu'elle présente des pores à toutes les échelles, leur taille est en fait bornée inférieurement par a_m et supérieurement par a_M. Lorsqu'on observe la roche avec une résolution $a < a_m$, on voit la structure microscopique compacte, de dimension $d_m = 3$.
Lorqu'on l'observe très grossièrement, avec une résolution $a > a_M$, on voit une roche homogène, de dimension $d_M = 3$, où la présence de pores se traduit uniquement dans la faible valeur de la densité moyenne. Le graphe log-log de $N(a)$ présentera ainsi deux « ruptures de pente » (on parle en anglais de *crossover*), passant d'une pente $-d_m$ pour les résolutions très petites $a < a_m$ à une pente $-d_f$, inférieure en valeur absolue (domaine d'échelles où la roche est fractale), pour revenir à une pente $-d_M$ aux résolutions $a > a_M$ (figure 3).

La géométrie fractale fournit des notions applicables aux formes naturelles, à condition de procéder à quelques aménagements, et avec beaucoup de précautions.

Nous pouvons également reprendre l'exemple de la côte de Bretagne, en projection (ou en coupe) horizontale, comme sur une carte. À petite échelle, sa dimension peut devenir $d_m = 1$ (un quai), une autre dimension fractale (la surface rugueuse d'un rocher) voire $d_m = 2$ si on considère que la limite entre la mer et la terre ferme est un mélange de sable et d'eau. Aux grandes échelles (la France vue de satellite), les irrégularités sont lissées et on trouve $d_M = 1$.
Dans le cas d'une surface rugueuse, on a $d_m = 2$ à l'échelle atomique (on observe des marches atomiques localement planes), puis $2 < d_f < 3$, aux échelles intermédiaires où la surface est fractale, puis $d_M = 2$, aux très grandes échelles où l'on ne voit plus qu'une interface quasi-plane.
Un dernier exemple, illustré sur la figure 4, est celui du mouvement brownien d'un grain de pollen en suspension dans un volume d'eau). À l'échelle du grain, on observe un mouvement erratique sous l'effet d'innombrables collisions avec les molécules d'eau, beaucoup plus petites (de l'ordre de l'Angström alors que le grain est de l'ordre du micron) ; sa trajectoire est fractale, de dimension $d_f = 2$.
Localement, on a par contre $d_m = 1$ dès que l'échelle d'observation a est inférieure à ce qu'on appelle le libre parcours moyen, c'est-à-dire à la distance parcourue entre deux collisions. De loin, on voit un nuage et on décrit une densité de probabilité de présence, autrement dit un phénomène tridimensionnel: $d_M = 3$.

Pourquoi ces limites au caractère fractal ?

Cette borne en échelles sur le caractère fractal des structures naturelles s'explique par le fait que d'autres mécanismes physiques finissent par entrer en jeu. Négligeables dans le domaine où la structure apparaît fractale, ils deviennent dominants à très petite échelle: viscosité (turbulence), agitation thermique (mouvement brownien) caractère atomique, discret, de la matière (milieux poreux) ou à très grande échelle (gravité, effets de bords, inhomogénéités de l'environnement, limites de résistance et autres contraintes mécaniques).
Beaucoup de mécanismes peuvent conduire à des structures fractales: instabilité de croissance dans la digitation visqueuse, les éclairs, les fractures ou les colonies de bactéries, instabilité dynamique jointe à un mécanisme de mélange dans les attracteurs chaotiques, rac-

cord entre des contraintes extérieures et une physique microscopique (comme dans la turbulence, où l'énergie est injectée à grande échelle et dissipée à petite échelle), optimisation du rapport surface/volume dans les poumons, de l'irrigation dans le réseau vasculaire... L'explication du caractère fractal, et avec elles la compréhension de ses limitations intrinsèques, est à déterminer au cas par cas.

Modéliser les structures naturelles

Adopter un modèle fractal, c'est idéaliser la géométrie et prendre les limites $a_m \to 0$ et $a_M \to \infty$. En d'autres termes, c'est identifier la géométrie de la structure réelle et celle de la fractale idéale qui lui est «tangente» dans une gamme adéquate d'échelles. Au même titre que les cercles et les droites de la géométrie euclidienne idéalisent les ronds et les traits que nous traçons ou que nous voyons dans la forme d'objets concrets, la géométrie fractale propose une nouvelle idéalisation mathématique des formes matérielles. Elle est complémentaire de la géométrie euclidienne et plus adaptée pour décrire et quantifier les structures possédant des propriétés d'auto-similarité, d'autant plus adaptée que cette auto-similarité s'observe sur une grande gamme d'échelles.

En conclusion

La géométrie fractale a été développée pour décrire et quantifier des objets mathématiques, comme les ensembles de Cantor, la courbe de Koch ou le tamis de Sierpinski, dont l'auto-similarité enlève toute signification aux mesures habituelles de longueur, de surface ou de volume : le résultat de ces mesures dépend de l'échelle à laquelle travaille l'observateur, et il tend vers 0 ou diverge aux très petites et aux très grandes échelles. Cette nouvelle géométrie fournit des notions applicables aux formes naturelles, à condition de procéder à quelques aménagements, et avec beaucoup de précautions : il faut envisager des caractéristiques moyennes, et travailler dans une gamme limitée d'échelles, où la structure observée est effectivement auto-similaire (ce qu'il faut tester soigneusement). Aux petites et aux grandes échelles, on retrouve des structures de dimension entière, là où les fractales mathématiques, elles, continuent de développer à l'infini des ramifications, des circonvolutions ou des lacunes, sans contraintes physiques pour les arrêter et les ramener à une réalité plus euclidienne.

A. L.

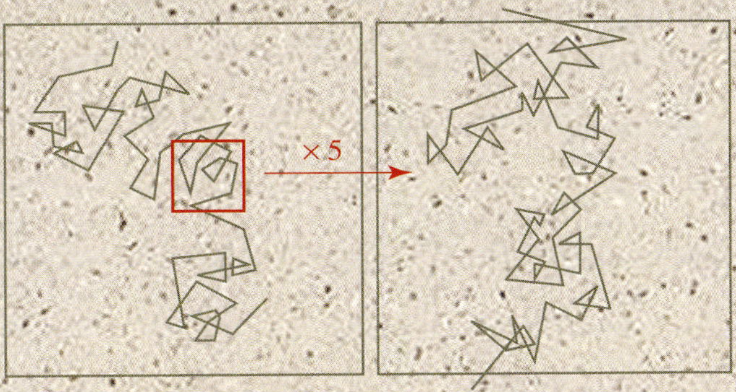

Figure 4. Schéma illustrant l'auto-similarité statistique des trajectoires du mouvement brownien d'un grain de pollen en suspension dans de l'eau : un détail grossi présente les mêmes propriétés statistiques que l'observation initiale [Perrin 1913]. Le schéma est ici plan par commodité, mais la propriété reste vraie dans l'espace, tout comme la valeur $d_f = 2$ de la dimension fractale des trajectoires. Cette propriété d'auto-similarité est à l'origine du caractère continu mais non dérivable des trajectoires du modèle mathématique du mouvement brownien (le processus de Wiener).
En réalité, l'auto-similarité s'arrête à une petite échelle a_m, égale au libre parcours moyen du grain (longueur qu'il parcourt entre deux collisions successives avec des molécules d'eau) ; une loupe sur une portion de trajectoire de taille $a < a_m$ montrerait un parcours rectiligne.

par Gilles Cohen

Images de science

Transformer une théorie scientifique en une suite d'images, fixes ou animées, sur un écran informatique, tel est le défi que se lance chaque jour Jean-François Colonna. Outre la difficulté d'une telle modélisation et les écueils de l'interprétation de ces images, il ne doit pas négliger les erreurs dues à la nature même des ordinateurs.

On ne peut évoquer la représentation des fractales sans citer le nom de Jean-François Colonna. Il y a dix-sept ans déjà, ***Tangente*** consacrait un article de son premier numéro (« *Des images plutôt que des listings* ») au responsable du Lactamme, ce laboratoire de l'École Polytechnique et de France Télécom R&D, dédié à deux activités essentielles : le « génie logiciel » (réflexion sur la qualité de la programmation) et la visualisation scientifique. Un laboratoire où Jean-François Colonna travaille le plus souvent seul, mettant parfois ses compétences au service d'étudiants ou de collègues des autres laboratoires.

Ensemble de Julia dans le corps des quaternions

Savant lunaire isolé de tout et de tous ? On pourrait le penser en visitant cette salle plongée dans une semi pénombre, où il vit entouré d'ordinateurs et d'écrans de formats et d'apparences diverses, pièces de musée ou *nec plus ultra* de la technologie d'aujourd'hui. L'apparence est trompeuse. Jean-François Colonna est à chaque instant relié au monde environnant, essentiellement grâce à l'Internet. Au fait des problèmes les plus récents de la science moderne, il s'approprie tous ceux qui interfèrent avec ses préoccupation pour leur donner son traitement personnel, la mise en image, la chasse aux imprécisions dues à la programmation.

Jean-François Colonna et Jean-Fractal Colonna

Son site Internet (http://www.lactamme.polytechnique.fr/), qui accueille plus de mille visiteurs par jour, est la somme de tout ce qu'il a réalisé depuis deux décennies (chacun de ses travaux y est consigné en temps réel). Pour l'entretenir simplement avec un maximum de procédures automatiques, Jean-François Colonna a mis au point un logiciel de conception de pages Internet adapté à ses besoins.

La visite de ce site peut durer des heures, un feu d'artifice de milliers d'images, d'animations, de diaporamas ...

Visualiser la science

Son travail : proposer une interprétation visuelle de la science. Vaste programme, mais qui permet de donner une image du big bang, de simuler le mouvement relatif des planètes, de concentrer en une animation de quelques secondes une évolution de quelques milliards d'années. Vous l'avez compris, l'un de ses domaines préférés est la mécanique céleste, l'autre les fractales, un des premiers sujets sur lesquels il s'est penché, après une rencontre avec Benoît Mandelbrot à la fin des années 70. Ses premières images fractales ont été réalisées avec un ordinateur qui avait... 32 Ko de mémoire et un volume de quatre mètres cubes ! Parti sur des fractales *déterministes* (ensembles de Julia, de Mandelbrot), il a vite préféré les images quasi naturelles de fractales non déterministes.

C'est tout seul qu'il a programmé dès le début, en langage machine, la possibilité de visualiser des images sur ordinateur, bien avant les considérables progrès de cette technologie arrivée aujourd'hui à un degré de quasi-perfection. En 2004, grâce aux capacités des ordinateurs, Jean-François Colonna continue à construire des paysages « multifractals sous contraintes », comme l'image ci-dessous mêlant deux types très différents de contextes naturels,

ou encore cette image de la surface lunaire obtenue pas superposition de trois occurrences de son modèle fractal (pour les montagnes, la surface, les cratères).

Il s'intéresse aussi à l'art et aux illusions d'optique.

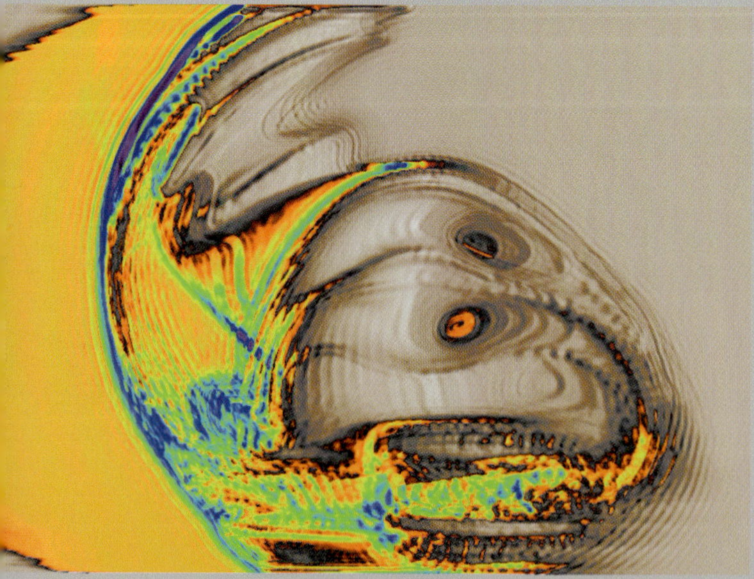

Visualiser la science à l'aide d'un ordinateur est un programme – c'est le cas de le dire – semé d'écueils dont il faut avoir conscience. Chacun des choix techniques peut induire des erreurs d'interprétation et il existe de nombreuses façons de représenter la même chose, car il n'y a pas de norme en la matière, pas de liste exhaustive des représentations. Ainsi, la couleur. Un principe physique n'a pas de couleur, et la palette qu'on utilise est arbitraire. Son choix doit inclure des options artistiques, et parfois culturelles. Ainsi, dans la représentation d'un champ, on a intérêt à colorier les valeurs faibles à l'aide de couleurs froides, les valeurs élevées en couleurs chaudes. Le problème crucial consiste à éviter que les options prises (par exemple une palette périodique) n'induisent une interprétation artificielle qui varierait avec d'autres choix. Ainsi, la figure ci-dessous montre le même tableau de nombres colorié selon des techniques différentes. Jureriez-vous qu'il s'agit du même ?

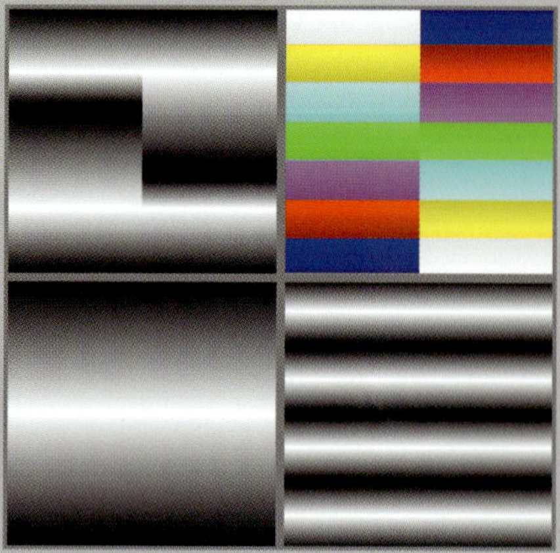

Autre casse-tête : la représentation d'un objet en dimension supérieure à 2. Bon, en dimension 3, il y a des solutions. Promener des plans de coupe, faire tourner l'objet sur lui-même, faire une représentation en perspective. En dimension 4, une des dimensions peut être assimilée au temps, et une animation permet de s'en sortir (et encore). Mais au-delà ? Ainsi, une des théories

récentes tendant à unifier relativité générale et mécanique quantique suppose que l'univers soit de dimension 11 au lieu de 4.
Jean-François Colonna s'est essayé, on peut le voir sur son site, à représenter à sa façon, cet univers à 7 dimensions supplémentaires, dont la géométrie serait celle d'une « variété de Calabi-Yau ».

Les erreurs de l'ordinateur

Les écueils ne s'arrêtent pas là. On peut même dire qu'ils commencent à partir du moment où on utilise un ordinateur. L'ordinateur est un outil dans la recherche scientifique – il ne reste qu'un outil – et comme tout outil, il a ses faiblesses. En dix-sept ans, il est devenu beaucoup plus puissant, beaucoup plus rapide, beaucoup plus compact, mais les erreurs qu'il engendre n'ont pas changé de nature. C'est ce qui a poussé le Lactamme à faire sa spécialité du « génie logiciel ».
La première erreur de l'ordinateur tient à ce que ses circuits sont finis. Il ne peut donc travailler qu'avec un nombre fini de chiffres, ce qui fait que chaque réel est arrondi dans ses calculs. Aussi précise que soit l'approximation, le cumul des erreurs d'arrondi induit par les différentes opérations peut finir par devenir important.
Ainsi, quand on simule par exemple les trajectoires solutions du problème à quatre corps, on peut s'interroger sur la « vérité » de la courbe qui se dessine sur l'écran. Malaise conforté par une expérience : sur le même écran, Jean-François Colonna fait se dessiner les trajectoires calculées avec un programme « optimisé » et ce même programme non optimisé. Elles coïncident un certain temps, puis… s'écartent !
Il n'est pas nécessaire de s'intéresser à des résultats d'équations différentielles pour constater des différences. Les simples opérations + et × ne sont pas associatives sur les ordinateurs ! Sauf cas particuliers, selon que l'on calcule $(a + b) + c$, ou $a + (b + c)$, on ne trouve pas le même résultat ! Essayez par exemple de calculer la suite (X_n) définie par l'itération

$$X_{n+1} = (r + 1)\, X_n - r\, X_n^2.$$

Si vous choisissez r supérieur à 2,57 (valeur à partir de laquelle la suite est chaotique), la sensibilité aux conditions initiales mêlée aux inévitables différences de précision entre les machines vous fera obtenir des résultats totalement contradictoires d'un ordinateur à l'autre.
Les erreurs sont aussi humaines. Il faut compter avec ses propres erreurs, mais aussi avec celles des autres. Ceux qui ont conçu le « soft » de votre ordinateur ont pu y laisser de belles perles ! Jean-François Colonna raconte une erreur dans la programmation de la fonction x^y sur un ordinateur où des valeurs aussi simples que 2^3 ou 2^4 étaient fausses. Mais les erreurs ne sont pas toujours aussi grossières, et on ne s'en aperçoit pas facilement. Une solution : exploiter la disparité des ordinateurs et faire tourner le même programme sur plusieurs machines avant d'en tirer des conséquences.
Alors, pour éviter ses propres erreurs, Jean-François Colonna a construit son langage, et un traducteur qui le transforme en C. Un langage contraignant, mais qui favorise la maîtrise de la complexité des formules et leur lisibilité. Et qui permet, grâce à ses commentaires quotidiens, datés et détaillés, d'offrir à la communauté scientifique une encyclopédie inégalable de plus d'un million de lignes de programmes.

Propos recueillis par **Gilles Cohen**

Le plus puissant des ordinateurs ne peut donner que ce qu'il a.

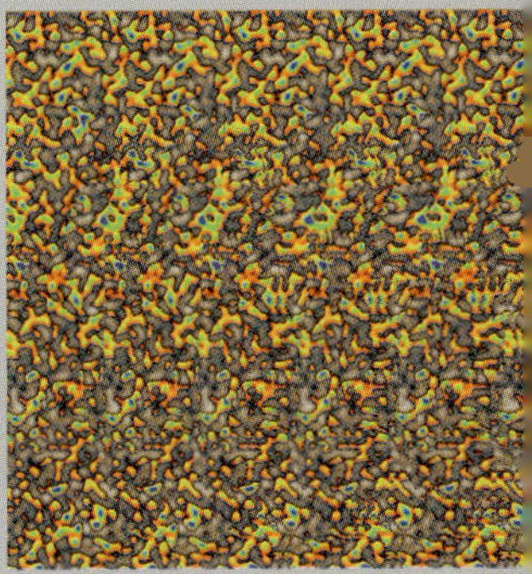

Autostéréogramme.

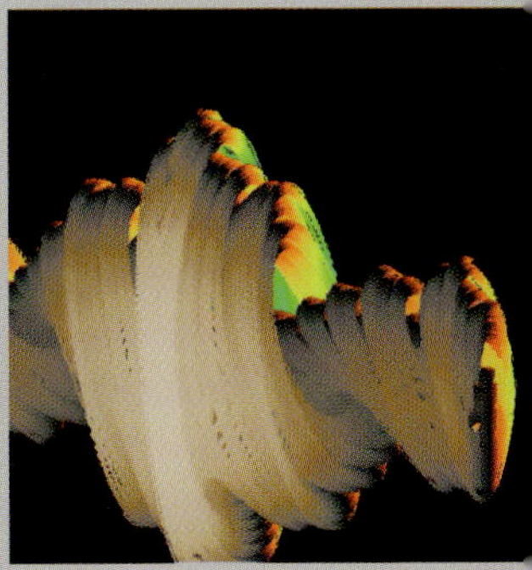

Voici l'image qui se cache dans l'autostéréogramme ci-dessus.

Mandelbrot & Julia

En jouant sur les itérés d'une suite récurrente de $\mathbb{C}$ vérifiant une simple relation du second degré, on met en évidence d'étonnants ensembles de type fractal, qu'on étudie les valeurs initiales de telles suites (ensembles de Julia) ou le choix des paramètres (ensemble de Mandelbrot).

Attention, ce dossier, inspiré d'articles parus dans *Tangente* hors-série n°3 *Systèmes dynamiques*, nécessite un bagage mathématique post-bac.

La vie secrète des ensembles de Julia

Un système dynamique discret étudie le comportement de suites récurrentes définies par une donnée initiale x_0 et une loi d'évolution $x_{n+1} = f(x_n)$. Dans l'ensemble $\mathbb{C}$ des nombres complexes, lorsque f est une simple fonction du second degré, l'étude de la dynamique met en évidence des ensembles fractals remarquables.

Nous nous limiterons à l'étude des polynômes de degré deux dans le plan des nombres complexes $\mathbb{C}$.
Plus précisément, nous étudierons les polynômes du type $P_c(z) = z^2 + c$, où c est un paramètre complexe.

En effet, tout polynôme de degré deux $P(z) = a_2 z^2 + a_1 z + a_0$ est affinement conjugué par

$$h(z) = \frac{1}{a_2}\left(z - \frac{a_1}{2}\right)$$

au polynôme P_c, avec

$$c = a_0 a_2 + \frac{a_1}{4} - \frac{a_1^2}{4}$$

(voir l'encadré "*La conjugaison des systèmes dynamiques*"). Nous allons voir que ces polynômes possèdent une dynamique riche et passionnante. Et nous verrons plus tard pourquoi cette étude n'est pas aussi restrictive qu'elle le semble.

Étude d'un premier exemple

La dynamique la plus simple des polynômes P_c est sans conteste celle de P_0. Les suites considérées sont les suivantes : $z_0 \in \mathbb{C}, z_{n+1} = z_n^2$. Une étude facile montre que si $|z_0| < 1$, la suite converge vers 0. D'ailleurs, nous pouvons écrire artificiellement

$$|z_{n+1} - 0| = |z_n - 0|^2.$$

Cela signifie que si nous voulions calculer 0 à l'aide de cette suite, le nombre de décimales exactes serait doublé à chaque itération.
Nous dirons que la convergence est **quadratique**, et que 0 est un point fixe **superattractif** de P_0.

De même, si $|z_0| > 1$, la suite converge vers l'infini, c'est-à-dire que la suite des modules tend vers $+\infty$.
Là encore, la convergence vers l'infini est extrêmement rapide. Pour mieux le

Un ensemble de Julia.

comprendre, introduisons la suite des inverses $\zeta_n = 1/z_n$. Alors, ζ_n tend vers 0, et la convergence est quadratique. C'est pourquoi, nous dirons que c'est encore le cas pour la convergence de z_n vers l'infini, et nous dirons aussi que l'infini est un point fixe superattractif de P_0.

Enfin, si $| z_0 | = 1$, alors la suite reste constamment sur le cercle unité. Dans ce cas, elle ne converge pas.
Cependant, il est possible de décrire la dynamique plus précisément, mais nous le ferons pas. (Le lecteur trouvera une ébauche de cette description dans [P1].)

Étude d'un second exemple

Intéressons nous maintenant à la dynamique du polynôme $P(z) = z^2 - 1$. Pour l'instant, nous nous limiterons au cas réel : $x_0 \in \mathbb{R}$, $x_{n+1} = x_n^2 - 1$. Nous savons bien que les limites éventuelles de cette suite sont les points fixes de P, que nous noterons α et β, avec $\alpha < \beta$.

La conjugaison des systèmes dynamiques

L'un des moyens de comprendre la dynamique d'un système est de la comparer à celle d'un système connu. Pour cela, il existe un outil qui peut s'avérer très utile: la conjugaison. Ici, nous verrons la notion dans le cadre des systèmes dynamiques discrets.
Considérons deux ensembles quelconques X et Y, et $f : X \to X$ et $g : Y \to Y$ deux applications quelconques. S'il existe une bijection $\varphi : X \to Y$ telle que $\varphi \circ f = h \circ \varphi$, g est dite **conjuguée** à f, et φ s'appelle une **conjugaison**. La relation de conjugaison est une relation d'équivalence, ce qui permet de dire que f et g sont conjuguées. La conjugaison n'a pas grand intérêt dans un cadre trop général. Prenons donc des ensembles X et Y sympathiques : par exemple, $\mathbb{R}$, $\mathbb{C}$, ou plus généralement des espaces métriques ou topologiques. Si la conjugaison φ est un homéomorphisme, nous dirons que c'est une **conjugaison topologique**, et que f et g sont **topologiquement conjuguées**. Alors, les dynamiques de f et g ont les mêmes propriétés topologiques. En particulier, la suite récurrente $x_0 \in X$, $x_{n+1} = f(x_n)$ converge vers x dans X si et seulement si la suite $y_0 = \varphi(x_0)$, $y_{n+1} = g(x_n)$ converge vers $y = \varphi(x)$ dans Y.
Si nous désirons approfondir la comparaison entre les deux dynamiques, par exemple pour étudier leur comportement probabiliste, il faut disposer d'une conjugaison ayant des propriétés supplémentaires. Plus φ a des propriétés intéressantes, meilleure est la conjugaison, et plus fine est la comparaison des dynamiques de f et g.

Le graphe de P est représenté sur la figure 1-A. Ce graphe permet de distinguer trois intervalles :
$I_1 =]-\infty, -\beta[$, $I_2 = [-\beta, \beta]$ et $I_3 =]\beta, +\infty[$.
Nous voyons facilement que les suites issues de I_3 tendent vers $+\infty$, et donc celles issues de I_1 aussi. Reste l'intervalle I_2. Comme le polynôme P est décroissant au voisinage d'α, le cheminement usuel consiste à introduire la fonction $f = P \circ P$ pour étudier les suites extraites d'indices pairs et impairs.
Et nous voici à l'étude des suites itérées par f. Le graphe de f est représenté sur la figure 1-B. Outre α et β, la fonction f admet deux nouveaux points fixes, -1 et 0. Les intervalles $[-1, \alpha]$ et $[\alpha, 0]$ sont stables par f, ce qui permet de montrer sans difficulté que les suites issues de $[-1, \alpha[$ convergent vers -1, et que celles issues de $]\alpha, 0]$ convergent vers 0 (voir figure 1-C).
Là encore, étant donnée une suite (x_n) tendant vers 0 dans le second intervalle, nous pouvons écrire :

$$|x_{n+1} - 0| \sim 2\,|x_n - 0|^2.$$

Ainsi, 0 est un point fixe superattractif de f. De manière analogue, -1 l'est aussi.
Cherchons à comprendre l'influence de f sur le reste de l'intervalle I_2.
Grâce à la parité de f, il suffit d'étudier le comportement des suites issues de $[0, \beta]$. En fait, l'intervalle $[0, 1]$ a pour image $[-1, 0]$, ce qui règle le cas de cet intervalle. Il reste alors l'intervalle $[1, \beta]$. Il semble que, hormis la suite stationnaire en β, toute suite issue de cet intervalle finisse par tomber entre -1 et $\sqrt{2}$, l'unique racine positive de f ; et comme $f([-1, \sqrt{2}]) = [-1, 0]$, tous finissent dans $[-1, 0]$. La fonction f réalise une bijection de $[1, \beta]$ sur $[-1, \beta]$, dont nous noterons g la réciproque. Une étude classique montre que les suites d'itérés par g de points de $[-1, \beta]$ convergent toutes vers β. Cela signifie en retour que toute suite d'itérés par f s'éloigne de β. Nous dirons que β est un point fixe **répulsif** de f.

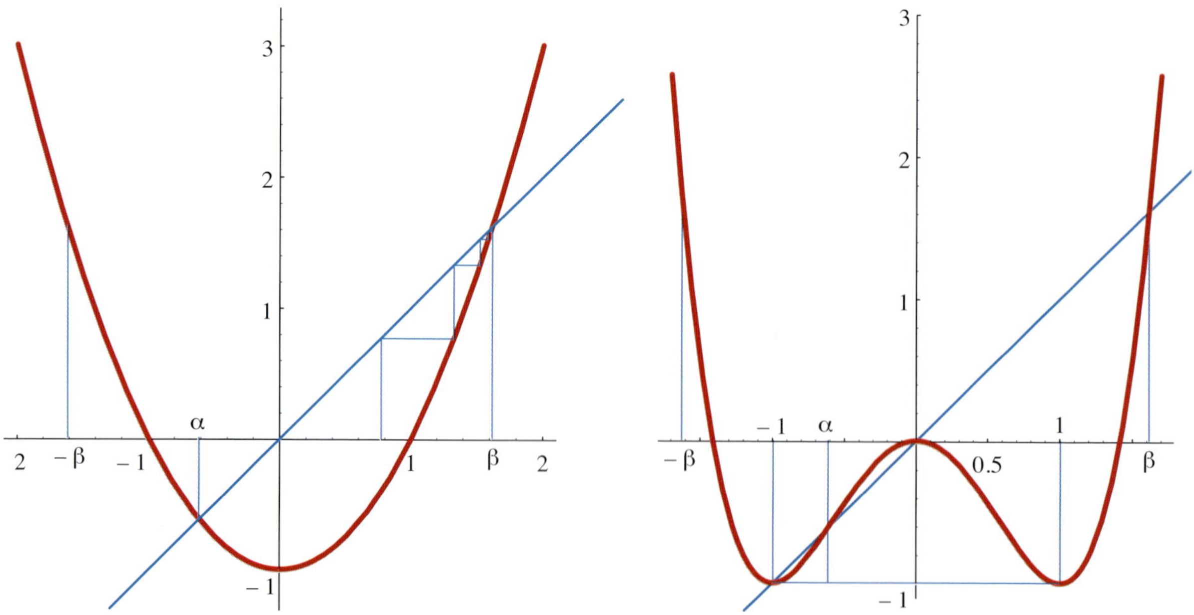

Figure 1. A : le graphe de P. B : le graphe de f

En résumé, les suites issues de I_2 ont quatre comportements possibles: deux suites stationnaires en β à partir du premier rang ; les suites stationnaires en α à partir d'un certain rang ; les suites qui convergent vers – 1 ; celles qui convergent vers 0.

Revenons à l'étude de P sur I_2.
Il s'agissait d'étudier les suites extraites d'indices pairs et impairs. Ces suites ont l'un des comportements ci-dessus. Si la limite est α ou β, ces suites sont stationnaires. Sinon, supposons que la suite des termes d'indice pair converge vers – 1.
À partir d'un certain rang, ses termes sont tous dans l'intervalle $[-1, \alpha]$: alors, les termes d'indice impair sont dans $P([-1, \alpha]) = [\alpha, 0]$, et ils convergent vers 0. Ainsi, l'une converge vers 0, et l'autre converge vers – 1.
Nous sommes en présence d'un phénomène remarquable : toute suite d'itérés par P qui n'est pas stationnaire en α ou en β possède exactement – 1 et 0 pour valeurs d'adhérence, et plus précisément, les termes pairs tendent vers l'une et les termes impairs vers l'autre. Ce comportement est matérialisé par le colimaçon de la figure 1-A.
La paire $\{-1, 0\}$ s'appelle un **cycle de période deux**, et nous dirons que les suites **convergent vers le cycle**. Enfin, comme – 1 et 0 sont des points fixes superattractifs de f, nous dirons de même du cycle $\{-1, 0\}$ de P.

La dynamique des cycles

Sur ces deux exemples, nous avons un aperçu des comportements possibles. En particulier, le deuxième montre que certaines suites, pudiquement appelées divergentes d'ordinaire, peuvent être décrites précisément. En outre, ils motivent le soupçon de théorie que voici.

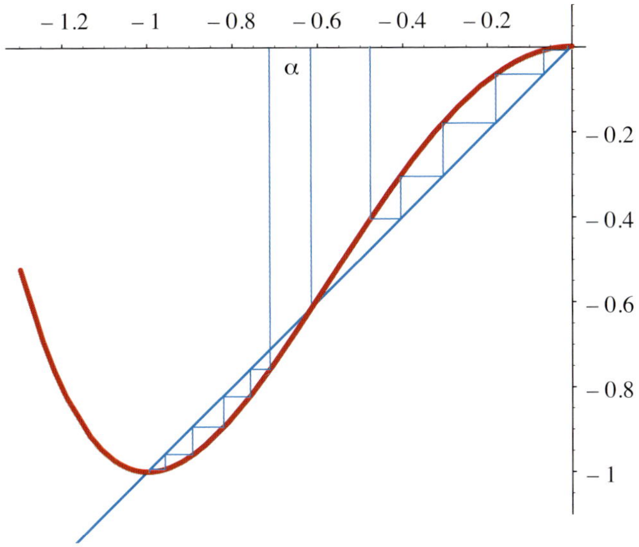

Figure 1. C : un agrandissement de B autour de α..

Étant donné un polynôme P, nous considérons les suites définies par

$$z_0 \in \mathbb{C}, z_{n+1} = P(z_n).$$

Notons $P^{[n]}$ le polynôme itéré n fois $P \circ \ldots \circ P$, avec la convention que $P^{[0]}$ désigne l'identité. Alors $z_n = P^{[n]}(z_0)$.
Le point z_0 est **périodique** s'il existe un entier n tel que $z_n = z_0$, c'est-à-dire si z_0 est un point fixe de $P^{[n]}$. Le plus petit tel entier, k, est la **période** de z_0, et l'ensemble $\{z_0, z_1, \ldots, z_{k-1}\}$ est un **cycle** de période k.

Soit ζ_0 un nombre complexe.
Notons $\zeta_n = P^{[n]}(\zeta_0)$ le n-ième itéré de ζ_0 par P. Supposons que la suite des itérés de ζ_0 par $P^{[k]}$ converge vers z_0, c'est-à-dire que la suite $(\zeta_{pk})_{p \in \mathbb{N}}$ converge vers z_0. Par continuité de P, les suites $(\zeta_{pk+1})_{p \in \mathbb{N}}, \ldots, (\zeta_{pk+k-1})_{p \in \mathbb{N}}$ convergent vers $z_1, \ldots, z_{k-1}$ respectivement.
Nous dirons que la suite $(\zeta_n)_{n \in \mathbb{N}}$ **converge vers le cycle** $\{z_0, z_1, \ldots, z_k\}$.

Le **multiplicateur** de z_0 est le nombre

$$\rho = (P^{[k]})'(z_0) = \prod_{j=0}^{k-1} P'(z_j).$$

C'est aussi celui de chacun des z_j du cycle donc nous dirons que c'est le **multiplicateur du cycle**. Un cycle est dit **superattractif**, **attractif**, **répulsif** ou **indifférent** suivant que $\rho = 0$, $|\rho| < 1$, $|\rho| > 1$ ou $|\rho| = 1$ respectivement.
Si le cycle est superattractif ou attractif, chaque point du cycle est entouré de points dont les itérés convergent vers le cycle.
Si le cycle est répulsif, chaque point du cycle est entouré de points dont les itérés s'éloignent du cycle. Attention, il s'agit d'un comportement local : rien n'interdit par exemple que les itérés soient repoussés par le cycle, mais reviennent ensuite au voisinage du cycle, auquel cas ils seront à nouveau repoussés. Si le cycle est indifférent, les points proches du cycles peuvent engendrer des suites de comportements différents.

Premiers pas dansés

Nous désirons maintenant comprendre la dynamique de nos polynômes dans $\mathbb{C}$. Dans le second exemple que nous avons vu plus haut, la dynamique était surtout intéressante dans I_2, qui était le plus grand intervalle stable borné. De même, pour mieux appréhender la dynamique sur $\mathbb{C}$, il est nécessaire d'introduire un ensemble du même type.

L'ensemble de Julia rempli du polynôme P_c est l'ensemble des nombres complexes dont la suite des itérés reste bornée :

$$K_c = \{z_0 \in \mathbb{C} \mid \sup |z_n| < +\infty\}.$$

L'ensemble de Julia de P_c est la frontière de l'ensemble précédent : $J_c = \partial K_c$.
Revenons au polynôme P du second exemple. La figure 2-A représente son ensemble de Julia J, tracé en jaune sur la figure, ainsi que son ensemble de Julia rempli K, obtenu en rajoutant les zones noires.
Sur cette figure, nous voyons une infinité de régions bordées par l'ensemble de Julia J. Ces régions sont des ouverts connexes, c'est-à-dire des ouverts d'un seul tenant. Elles jouent dans $\mathbb{C}$ le rôle que jouaient les intervalles I_1, I_2 et I_3 dans $\mathbb{R}$. De même que l'action de P sur ces intervalles nous a permis de cerner sa dynamique réelle, nous allons maintenant étudier son action sur ces régions. Elles sont de deux types : celle qui n'est

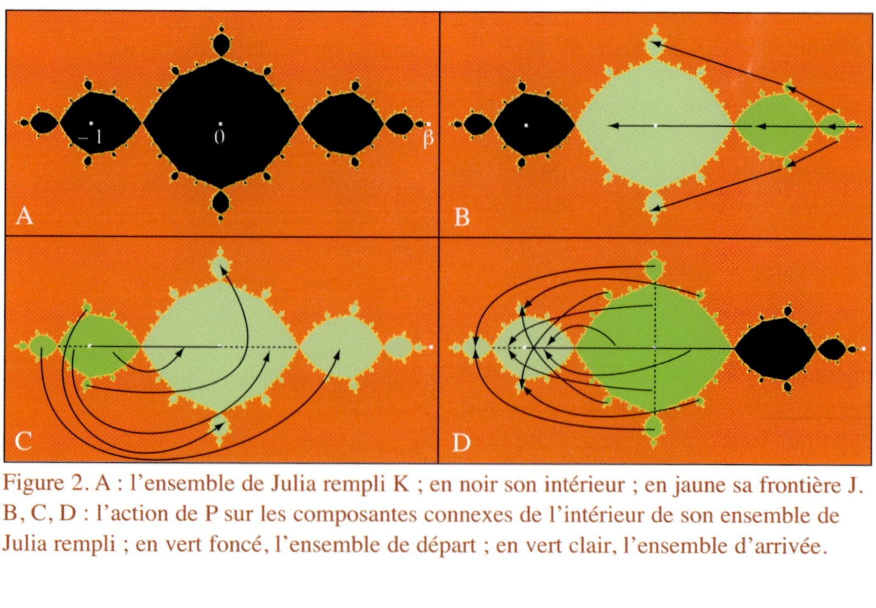

Figure 2. A : l'ensemble de Julia rempli K ; en noir son intérieur ; en jaune sa frontière J. B, C, D : l'action de P sur les composantes connexes de l'intérieur de son ensemble de Julia rempli ; en vert foncé, l'ensemble de départ ; en vert clair, l'ensemble d'arrivée.

pas bornée et qui contient l'infini (en blanc sur la figure), et les autres, qui sont toutes bornées (en gris sur la figure). Par définition de l'ensemble de Julia rempli, l'ouvert non borné est formé des valeurs initiales dont les itérés convergent vers l'infini. Au passage, nous constatons que les intervalles I_1 et I_3 sont deux parties de cette seule région. Quant aux autres régions, elles forment l'intérieur topologique de l'ensemble de Julia rempli K : nous les appellerons ses **composantes connexes**.

Les flèches de la figure 2 représentent l'action du polynôme P sur les composantes connexes de l'intérieur de K. Pour bien comprendre cette action, nous distinguerons trois ensembles : le premier est l'ensemble D des composantes situées à droite de $-\alpha$; le second est l'ensemble G de celles situées à gauche d'α ; et le troisième est l'ensemble C de celles situées entre α et $-\alpha$.

Dans un premier temps, voyons ce qui se passe pour D : son image par P est la réunion $C \cup D$ (voir figure 2-B). Nous constatons, comme dans $\mathbb{R}$, que β repousse les régions de D : elles se déplacent en se dilatant vers la gauche. Attention, il s'agit d'une vue de l'esprit et nullement d'une homothétie.

Ensuite, l'image de G est encore la réunion $C \cup D$ (voir figure 2-C). La différence par rapport à l'action précédente est qu'ici, tout se passe comme s'il y avait eu rotation de G autour d'α, en plus d'une dilatation. Là encore, c'est une explication imagée, il ne s'agit pas d'une similitude.

Enfin, l'image de C est la partie G toute entière (voir figure 2-D). Ce qui rend cette action particulière, c'est la présence de 0, qui est le point **critique** de P, c'est-à-dire la racine de P'. Ce point critique impose à C de se replier sur son image. Ainsi, l'intervalle $[\alpha, -\alpha]$, représenté par un segment noir, se plie en deux sur l'intervalle $[-1, \alpha]$, lui aussi en noir : cela se comprend bien sur le graphe de P dans $\mathbb{R}$ (figure 1-A). D'autre part, l'axe imaginaire pur, représenté par un pointillé, se plie aussi en deux sur son image réelle, elle aussi en pointillé. Les deux bourgeons nord et sud de C s'envoient sur la partie gauche de G. Enfin, le pliage est encore matérialisé ainsi : les bourgeons nord-est et sud-ouest, qui sont opposés dans C, s'envoient sur le bourgeon nord de la partie droite de G, tandis que les bourgeons nord-ouest et sud-est de C vont sur le bourgeon sud de la partie droite de G.
En résumé, les parties G et D vont sur $C \cup D$, sans se plier, et la partie C va sur G en se pliant en deux. Nous constatons que la composante connexe qui contient 0 s'envoie sur celle qui contient -1, et réciproquement. En fait, le ballet des composantes connexes se termine toujours sur l'une ou l'autre des deux composantes qui contiennent -1 et 0. Cela signifie que toute suite issue de l'intérieur de K est attirée par le cycle $\{-1, 0\}$.

Pour terminer l'étude de la dynamique, il reste à comprendre ce qui se passe sur J lui-même. Malheureusement, cela nécessite des outils plus sophistiqués : nous nous contenterons de donner quelques résultats généraux plus loin.

La dynamique du lapin

Pour illustrer encore cette danse des composantes, voici le lapin.
Le **lapin** est l'ensemble de Julia rempli K_c pour

$$c = -\frac{3}{2} + \frac{1}{2}\left[\left(\frac{25+\sqrt{621}}{54}\right)^{1/3} + \left(\frac{25-\sqrt{621}}{54}\right)^{1/3}\right] + i\,\frac{\sqrt{3}}{2}\left[\left(\frac{25+\sqrt{621}}{54}\right)^{1/3} - \left(\frac{25-\sqrt{621}}{54}\right)^{1/3}\right]$$

$$\approx -0{,}122561 + 0{,}744862i.$$

Le doux nom de lapin lui a été attribué par la vision poétique d'Adrien Douady, et l'usage l'a consacré. Le mystère qui entoure l'engendrement de cette valeur de c sera levé plus loin. Le lapin est dessiné sur la figure 3-A. Le polynôme P_c correspondant possède un cycle superattractif de période trois :

$$\{z_0 = 0, z_1 = c, z_2 = c^2 + c\}.$$

Ce cycle est représenté sur la figure 3-A par les indices des points. Nous avons également représenté les deux points fixes α et β.

La dynamique est du même type que celle du polynôme précédent. Nous ne

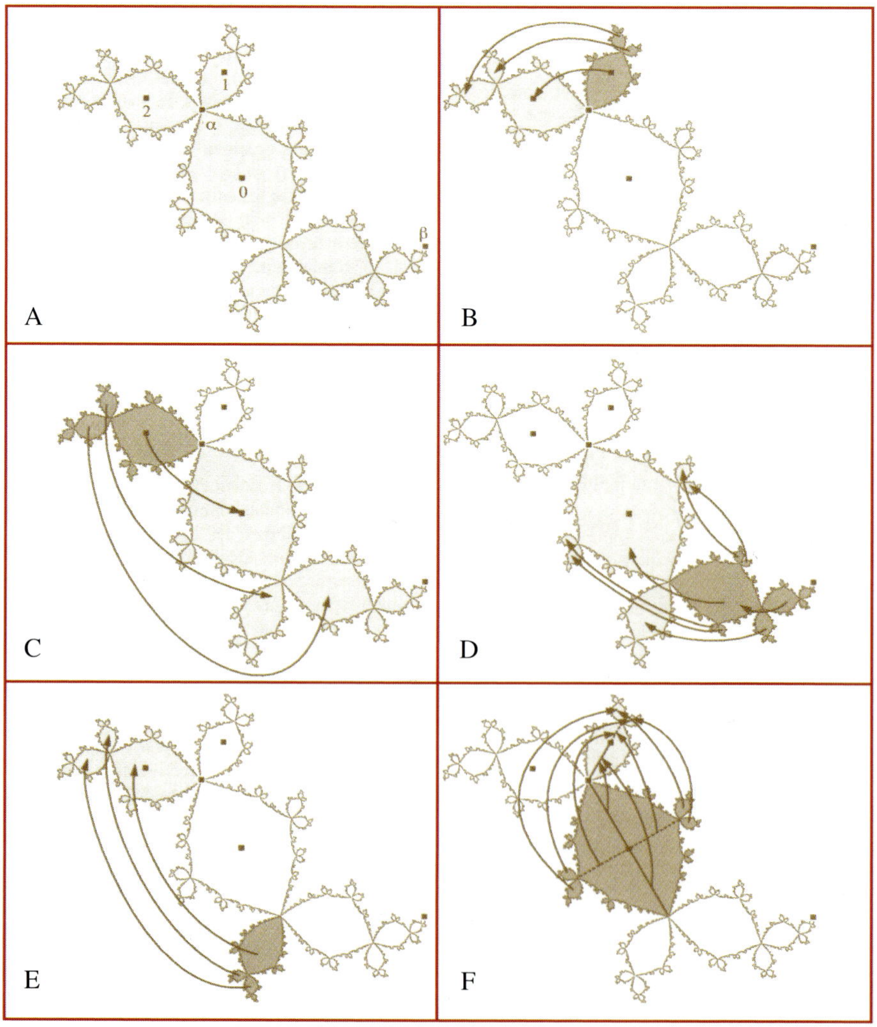

Figure 3. A : le lapin ; B, C, D, E, F : la dynamique du lapin : en marron foncé, l'ensemble de départ, en marron clair, l'ensemble d'arrivée.

détaillerons pas complètement cette dynamique. Disons simplement que les actions des figures 3-B, 3-C, 3-D et 3-E ne comportent pas de pliage, alors que sur la figure 3-F, le ventre du lapin se replie en deux sur la petite oreille.

Quelques généralités

Nous allons maintenant exposer quelques généralités concernant les ensembles de Julia.

Par définition, l'ensemble de Julia est globalement invariant par le polynôme P_c, c'est-à-dire que $P_c(J_c) = J_c$.

Quel que soit le polynôme P_c, l'infini est toujours un point fixe superattractif. En effet, considérons la fonction $\varphi(z) = 1/z$ définie sur $\mathbb{C}^*$. Par son intermédiaire, P_c est topologiquement conjugué à la fonction

$$g(z) = \frac{z^2}{1 + cz^2},$$

pour laquelle nous voyons immédiatement que 0 est un point fixe superattractif. Ainsi, tout nombre suffisamment proche de 0 a des itérés par g qui tendent vers 0, et tout nombre suffisamment proche de l'infini a des itérés par f qui convergent vers l'infini. Cela entraîne que l'ensemble de Julia rempli est compact.

Le polynôme P_c admet des points périodiques pour toute période. Tous les cycles de P_c sont répulsifs, sauf éventuellement l'un d'entre eux qui pourra être attractif ou indifférent, et bien-sûr l'infini qui est superattractif.

L'ensemble de Julia J_c est l'adhérence des points périodiques répulsifs.

Cette propriété permet d'entrevoir la complexité du comportement des itérés d'un point de J_c.

Considérons un point quelconque z de $\mathbb{C}$, et constituons l'ensemble $A(z)$ de toutes ses images réciproques par P :
$A(z) = \{\zeta \in \mathbb{C} \mid \exists\, n \in \mathbb{N}, P_c^{[n]}(\zeta) = z\}$.

L'ensemble de Julia J_c est contenu dans l'adhérence de $A(z)$, c'est-à-dire que les images réciproques de z s'agglutinent sur J_c.

D'ailleurs, en choisissant au hasard les images réciproques successives de z, nous obtenons une suite de points qui s'accumulent le long de J_c : il s'agit d'un algorithme explicite pour tracer les ensembles de Julia.

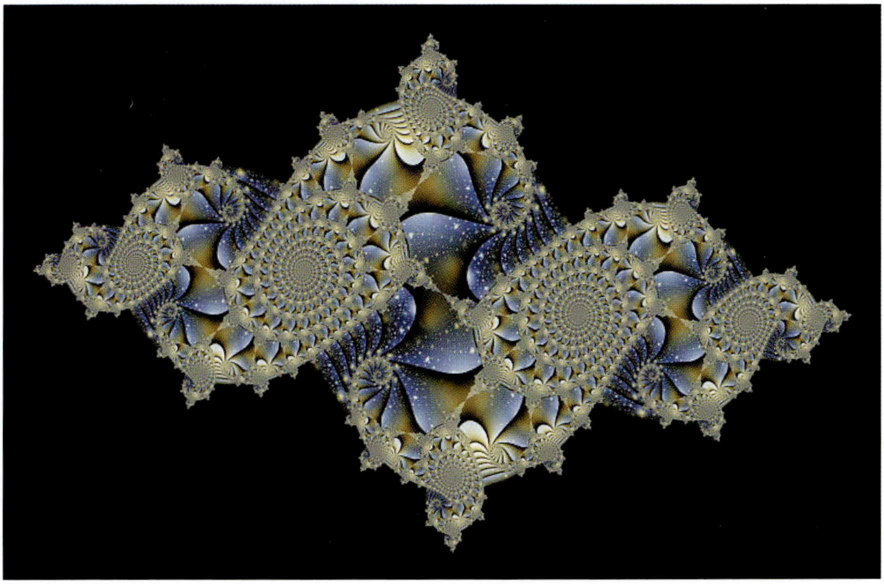

Nous avons vu que toutes les composantes connexes de l'intérieur de K_{-1} finissent par tomber sur l'une des deux composantes connexes contenant – 1 ou 0. De même, celles de l'intérieur du lapin tombent sur l'une des trois composantes contenant le cycle. Cela signifie qu'aucune de ces composantes ne se promène sans but : après un périple plus ou moins long, toutes finissent au même endroit. Nous dirons qu'il n'y a aucune composante errante.

Bien entendu, tous les polynômes P_c n'admettent pas forcément un cycle superattractif, ou même un cycle attractif. Cependant, ce résultat est général et vaut pour tous ces polynômes. Précisément, une composante connexe U de $\mathbb{C} \setminus J_c$ est dite **périodique** s'il existe un entier n tel que $P_c^{[n]}(U) = U$. Elle sera dite **errante** si ses images successives par P sont disjointes deux à deux. Un théorème affirme qu'aucune composante connexe de $\mathbb{C} \setminus J_c$ n'est errante, c'est-à-dire qu'elles finissent toutes par tomber sur une composante périodique.

En revanche, les composantes périodiques ne sont pas toutes du même type que celles de K_{-1} ou du lapin : il en existe d'autres sortes.

Les ensembles de Julia possèdent encore bien d'autres propriétés intéressantes, mais ils ne sont pas encore tous compris.

La chirugie holomorphe

En analyse, c'est bien connu, tout se découpe : les intégrales, les séries, les epsilons, les cheveux même, tout y passe. Alors, pourquoi s'arrêter en si bon chemin ? Nous allons jouer au docteur Frankenstein, et créer des ensembles nouveaux. Prenons un lapin par exemple. Saisissons-nous de notre scalpel préféré, et découpons soigneusement le ventre de la pauvre bête. Après l'avoir jeté, cousons à la place l'ensemble de Julia rempli K_{-1}, et laissons faire la nature. Quelle n'est pas notre surprise de voir que la greffe prend ! Non seulement le ventre est effectivement remplacé par le nouvel ensemble, mais toute la structure du lapin est modifiée de manière à créer un nouvel ensemble de Julia rempli viable (voir figure 4).

En analyse, c'est bien connu, tout se découpe : les intégrales, les séries, les epsilons, les cheveux même, tout y passe. Alors, pourquoi s'arrêter en si bon chemin ? Nous allons jouer au docteur Frankenstein, et créer des ensembles nouveaux.

Essayons de comprendre ce qui s'est passé. Partant du lapin qui possède un cycle attractif de période trois, nous gardons le comportement global ternaire, mais chaque point du cycle est scindé en un sous-cycle attractif de période deux qui reproduit le comportement global de K_{-1}. Un nouveau cycle attractif de période six est alors engendré, et nous le voyons en action dans le nouvel ensemble de Julia ainsi créé : sur la figure, seuls les indices des points du cycle sont portés.

Figure 4

L'explication est la suivante : chaque point du cycle originel est un point fixe de l'application $f = P_c^{[3]}$. Or chacun de ces points est changé en un cycle d'ordre deux pour f, donc deux points fixes de $f^{[2]} = P_c^{[6]}$. Ces nouveaux points forment donc un cycle de période six pour P_c. Il ne faut pas se laisser surprendre par la position relative des différents points du cycle : en effet, n'oublions pas que le ventre du lapin se replie sur lui-même quand il s'applique sur la petite oreille.

Et si nous faisions l'inverse ? Allons-y ! Greffons un lapin dans K_{-1}. Là encore, la greffe prend, et nous obtenons l'ensemble de Julia de la figure 5.

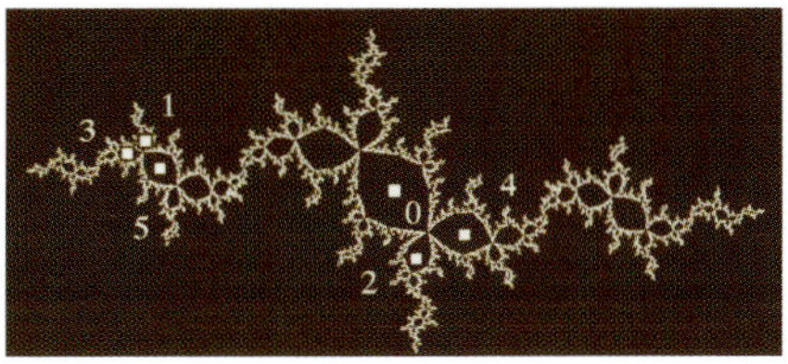

Figure 5

Dans ce genre d'expérimentation, l'imagination s'enflamme souvent. Pour les curieux, voilà encore la greffe d'une hydre dans le lapin (figure 6). L'hydre est l'ensemble de Julia représenté dans le coin inférieur gauche de la figure.

Figure 6

Il possède un cycle superattractif de période 11.

Nous pourrions multiplier les expériences à l'envi. Néanmoins, plutôt que d'avancer à l'aveuglette, il vaut mieux tenter d'élaborer une théorie qui puisse prédire le résultat. Cette théorie est la **chirurgie holomorphe**. C'est l'art de découper des morceaux de dynamique, pour essayer ensuite de les recoudre et pas forcément dans leur position d'origine. Un morceau de dynamique, c'est par exemple un cycle, ou une allure de cycle, ou plus généralement un style de comportement. La chirurgie s'occupe de comprendre quels sont les greffons disponibles, quelles sont les greffes possibles, d'examiner les éventuels rejets, etc. Elle permet de construire le complexe à partir de l'élémentaire, ou bien, au contraire, de décomposer le complexe en élémentaire, et tout cela dans un souci de mieux comprendre la dynamique. Nous n'entrerons pas dans les détails car malgré l'apparence imagée de cette chirurgie, elle utilise des outils mathématiques plus élaborés que le seul scalpel mental de tout à l'heure. En outre, nous verrons plus loin un moyen pratique de fabriquer de telles greffes.

Détail d'un ensemble de Julia

Comment tracer des ensembles de Julia

Voici deux algorithmes pour tracer simplement des ensembles de Julia.

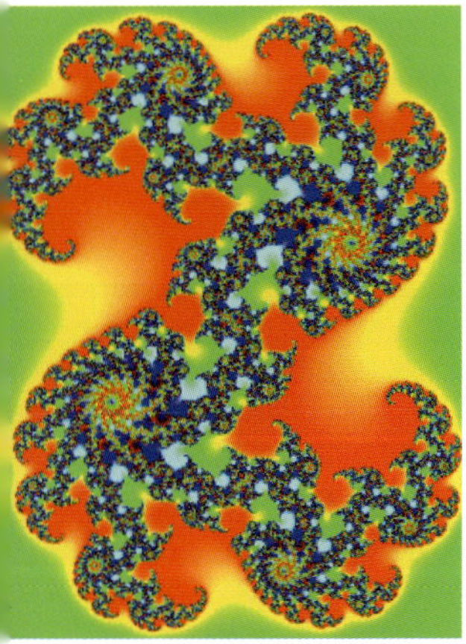

Deux exemples de mise en couleurs d'ensembles de Julia.

Nous avons déjà rencontré le premier plus haut. Étant donné un nombre complexe quelconque, il s'agit de calculer au hasard l'un de ses deux antécédents par P_c, et de recommencer. En fait, pour éviter les points parasites, il suffit de partir d'un point qui est déjà dans J_c, et toutes ses images réciproques y seront aussi : par exemple, le point fixe β de plus grand module est toujours répulsif, donc il est dans J_c. L'avantage de cet algorithme, c'est qu'il est simple à mettre en œuvre. Néanmoins, il a un inconvénient majeur : les points ainsi obtenus ne chargent pas uniformément l'ensemble de Julia. Plus précisément, les pointes de J_c seront visitées plus souvent que le reste, et l'algorithme, interrompu trop tôt, aura tendance à oublier les vallées de J_c, surtout si elles sont étroites et profondes.

Remarquons que cet algorithme est celui que nous utiliserons pour tracer un AFC (voir l'article sur les attracteurs de familles de contractions). En effet, on peut montrer que si $f_c(z)$ et $g_c(z)$ sont les deux images réciproques de z par P_c (calculées par les formules classiques de résolution d'une équation du deuxième degré), J_c n'est autre que l'attracteur de la famille (f_c, g_c).

Quant au second algorithme, il est basé sur la définition de l'ensemble de Julia rempli K_c. Pour chaque pixel de l'écran de l'ordinateur, nous calculons un certain nombre d'itérations, dont le nombre maximal N est fixé par l'utilisateur, et nous tâchons de savoir si la suite est bornée ou non. Pour cela, rappelons-nous que K_c est compact, et fixons arbitrairement un rayon R très grand. Si, pour un indice $k \leqslant N$, $|z_k| > R$, alors la suite converge vers l'infini. Sinon, pour tout indice $n \leqslant N$, $|z_n| \leqslant R$: dans ce cas, nous décrétons que la suite est bornée, bien qu'elle puisse ne pas l'être. Ainsi, nous traçons en noir les valeurs intiales pour lesquelles la suite est (informatiquement) bornée, c'est-à-dire les points de K_c.

Voici une légère modification pour ajouter de la couleur : ayant défini une table de couleurs repérées par des entiers, à chaque fois qu'une suite s'échappe à l'infini, dessinons la valeur initiale avec la couleur d'indice k correspondante. Cela permet d'obtenir de très belles images colorées.

Cet algorithme est, lui aussi, facile à mettre en œuvre. L'inconvénient, c'est qu'il risque de masquer certains détails : en effet, un pixel n'étant pas d'aire nulle, certains détails peuvent être plus fin que la taille du pixel, et ils ne se verront pas sur le tracé.

Nous voyons que les images doivent être interprétées avec circonspection, sous peine de déboires. Cela dit, pour des ensembles de Julia civilisés,

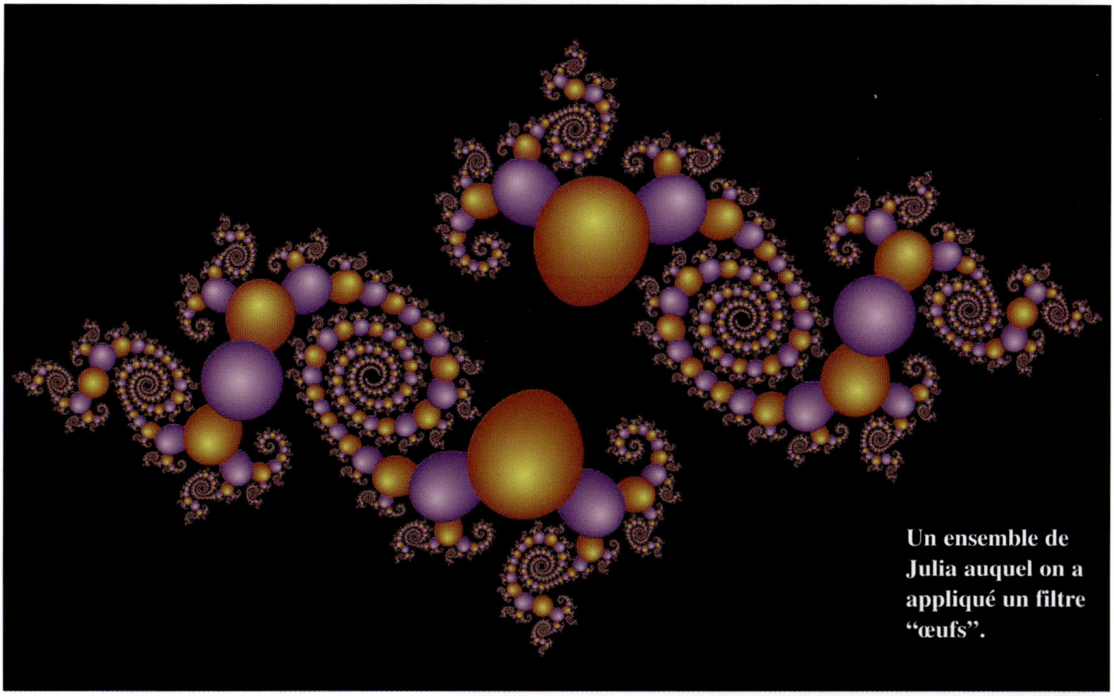

Un ensemble de Julia auquel on a appliqué un filtre "œufs".

comme le lapin, ces algorithmes fonctionnent correctement.

Ainsi s'achève cette brève découverte des ensembles de Julia. Nous avons rencontré seulement quelques unes de leurs propriétés, et leur monde fascinant recèle encore bien des surprises.

W. P.

Quelques repères

[P1] **W. Payet** • *Un aperçu de la dynamique des polynômes quadratiques*, Quadrature n° 13.

[P2] **W. Payet** • *Dynamique et poussière*, Quadrature n° 14.

[P3] **W. Payet** • *Visite au bestiaire*, Quadrature n° 15, 1993

[P4] **W. Payet** • *Un potentiel inhabituel*, Quadrature n° 17.

[PR] **H.-O. Peitgen, P.H. Richter** • *The Beauty of Fractals*, Springer-Verlag, 1986.

[PS] **H.-O. Peitgen, D. Saupe** • *The Science of Fractal Images*, Springer-Verlag, 1988.

[FC] **R. Ferréol, F. Casiro** • *Olympiades & Concours général*, Pb. 1987 C. G., p. 162-182, Éditions du Choix, 1992.

 par Willy Payet

L'ensemble de Mandelbrot
M le merveilleux

L'article précédent a étudié les propriétés des ensembles de Julia en se focalisant sur une valeur du paramètre c fixée, éventuellement de façon abstraite. Une idée vient alors naturellement à l'esprit : que se passe-t-il lorsque le paramètre c change, quelles propriétés sont conservées ?

Autrement dit, plutôt que d'étudier les polynômes P_c un par un, nous aimerions les étudier tous en même temps.

Pour cela, nous allons nous placer dans le plan des paramètres c. Bien sûr, il s'agit toujours du plan des nombres complexes $\mathbb{C}$, mais il importe de bien le différencier du plan $\mathbb{C}$ sur lequel agit P_c. Imaginons par exemple que nous disposons d'une copie particulière de $\mathbb{C}$, que nous appellerons dorénavant le **plan des paramètres** : dans ce plan des paramètres se trouvent regroupés tous les paramètres c. Quand, dans ce plan des paramètres, nous choisissons une valeur particulière de c, nous disposons alors d'une autre copie du plan $\mathbb{C}$, que nous appellerons **plan dynamique** : le polynôme P_c agit sur ce plan dynamique, et c'est dans ce plan dynamique que se trouve son ensemble de Julia.

L'ensemble de Mandelbrot est un objet mathématique d'une extraordinaire complexité dont la définition dynamique est remarquablement simple.

Nous avons vu précédemment qu'en sa qualité de point critique de P_c, le point 0 du plan dynamique joue un rôle particulier dans la dynamique de P_c. Ce rôle ne se limite pas au simple pliage des ventres sur les oreilles : il établit une alternative pour les ensembles de Julia. Ou bien l'ensemble de Julia est connexe, c'est-à-dire d'un seul tenant, ou bien il ne l'est pas, comme dirait monsieur de La Palice. En fait dans cette seconde éventualité, l'ensemble de Julia est totalement discontinu, et il est d'ailleurs égal à l'ensemble de Julia rempli : cela signifie que tous ses points sont séparés les uns des autres, un peu comme des grains de sables qui sont les uns contre les autres, tout en étant bien séparés. Il se trouve que l'ensemble de Julia de P_c est connexe si et seulement si 0 est dans l'ensemble de Julia rempli. Nous nous intéressons alors à l'ensemble des paramètres dont l'ensemble de Julia est connexe : il s'appelle l'**ensemble de Mandelbrot**, d'après Benoît Mandelbrot qui, le premier en 1980, en a tracé une représentation à l'aide d'un micro-ordinateur.

$M = \{c \in \mathbb{C} \mid J_c \text{ est connexe}\}$

$M = \{c \in \mathbb{C} \mid 0 \in K_c\}$.

Concrètement, pour déterminer si un paramètre c est ou non dans M, il suffit de regarder si la suite du plan dynamique issue de 0 est respectivement bornée ou non. D'ailleurs, cela fournit un moyen informatique bien pratique pour tracer M. Et voici l'ensemble M sur la figure 1.

Dans cet article, les images de M sont produites par un algorithme sophistiqué qui trace les points proches du bord de M, donc ce que nous verrons sera une approximation de ce bord.

La frontière de M est dessinée en blanc sur la figure, et son intérieur en noir. Quelques repères sont marqués sous forme de nombres réels ou imaginaires. Cette figure suggère quelques propriétés élémentaires. Nous voyons immédiatement que M est symétrique par rapport à l'axe réel : cela vient du fait que c et $\overline{c}$ sont simultanément dans M.

L'intersection de M et de $\mathbb{R}$ est le segment $[-2, 1/4]$ Voici une autre propriété de M, nettement moins élémentaire : Adrien Douady et John H. Hubbard ont démontré en 1982 que M est un compact connexe, ce que l'on voit sur la figure.

Composantes hyperboliques

L'ensemble M peut s'imaginer comme un grand catalogue de paramètres. Et comme tout catalogue qui se respecte, sa consultation devrait nous renseigner sur son contenu, c'est-à-dire que nous aimerions que la position d'un paramètre nous donne quelques propriétés de son ensemble de Julia.

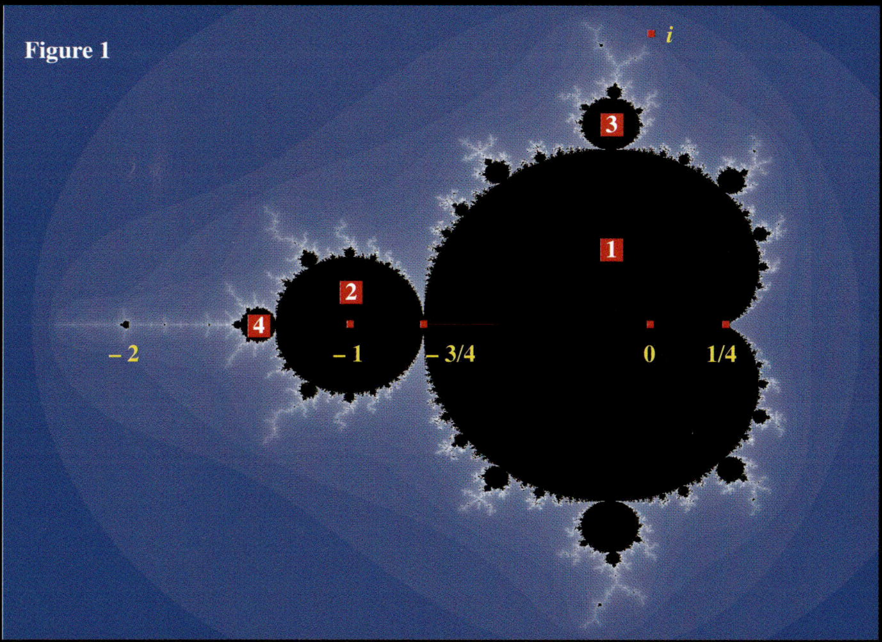

L'ensemble M de Mandelbrot.

Détail de l'ensemble de Mandelbrot.

Une composante hyperbolique de M est un ouvert maximal inclus dans M, c'est-à-dire qu'il est impossible de le gonfler sans sortir de M ; et cet ouvert est constitué de paramètres admettant un cycle attractif.

Avant d'explorer M, nous allons avaler quelques granules de théorie, mais rien de bien amer. En outre, les notions exposées sont assez visuelles.
Courage, donc !
Parmi les ensembles de Julia, certains admettent un cycle attractif : dans ce cas, le point critique 0 est forcément attiré par ce cycle, et le paramètre correspondant est dans M. Nous considérons alors le sous-ensemble M' de M constitué des paramètres pour lesquels il existe un cycle attractif. Exactement comme pour l'intérieur de l'ensemble K_{-1} de l'article précédent, l'ensemble M' est la réunion d'une infinité d'ouverts deux à deux disjoints que nous appellerons encore ses composantes connexes. Ici, nous leur donnerons un nom différent : nous les appellerons les **composantes hyperboliques de** M. Autrement dit, une composante hyperbolique de M est un ouvert maximal inclus dans M, c'est-à-dire qu'il est impossible de le gonfler sans sortir de M ; et cet ouvert est constitué de paramètres admettant un cycle attractif.

Considérons une composante hyperbolique quelconque W. Tout élément de W admet un cycle attractif. Qui dit cycle, dit période. Étant donné un élément c de W, nous pouvons donc lui associer la période du cycle attractif correspondant. Il se trouve que cette fonction est constante sur W, donc tous les éléments de W admettent un cycle de même période k, période qui ne dépend que de W. Par abus de langage, nous dirons que W est périodique de période k. Cet abus est bien pratique, mais il s'agit véritablement d'un abus : nous sommes dans le plan des paramètres dans lequel il n'y a pas de dynamique ; il ne faut pas confondre ces composantes hyperboliques dites périodiques, avec les composantes connexes de l'intérieur de K_c, qui elles sont vraiment périodiques. Sur la figure 1, nous lisons les périodes correspondant à quelques composantes hyperboliques : ce sont les nombres cerclés.
Par exemple, le paramètre 0, qui se trouve dans la composante hyperbolique W_1 en forme de cardioïde, admet

un point fixe attractif : nous savons qu'il s'agit de 0 qui est superattractif. Alors, tous les paramètres de W_1 admettent un point fixe attractif : cette composante est donc étiquetée 1. De même, le paramètre – 1 admet un cycle attractif de période deux, donc la composante W_2 qui le contient est étiquetée 2, et tous les paramètres qui la constituent admettent un cycle attractif de période deux.

D'autre part, un cycle possède un multiplicateur. Nous introduisons donc la fonction $\rho : W \to \mathbb{C}$, qui, à tout élément de W, associe le multiplicateur du cycle attractif correspondant. Justement, comme le cycle est attractif, son multiplicateur est de module strictement inférieur à un, donc l'image de r est incluse dans le disque unité ouvert D de $\mathbb{C}$. En fait, c'est D tout entier. De plus, la fonction ρ est un homéomorphisme, et même, elle est holomorphe, ainsi que sa réciproque : il s'agit d'une propriété plus riche que la simple continuité sur laquelle nous ne nous étendrons pas. Nous pouvons même prolonger continûment ρ et sa réciproque sur les bords de W et de D. Nous appellerons **centre** de W le point $\rho^{-1}(0)$, c'est-à-dire l'unique paramètre de W qui admette un cycle superattractif, ou encore pour lequel 0 est périodique. Nous appellerons **racine** de W le point $\rho^{-1}(1)$: ce point est sur le bord de W. Si la composante W n'est rattachée à aucune autre en sa racine, nous dirons que c'est une composante **primitive**, sinon, la composante W est rattachée par sa racine à une composante de période inférieure. La figure 1 illustre toutes ces notions. La composante hyperbolique W_1 contenant 0 a pour centre 0 et pour racine 1/4 : elle est primitive.

La composante W_2 contenant – 1 a pour centre – 1 et pour racine – 3/4 : elle est rattachée à la composante précédente en – 3/4.

Une conjecture stipule que l'ensemble M' est l'intérieur de M tout entier, c'est-à-dire que tout paramètre de l'intérieur de M posséderait un cycle attractif. Actuellement tout le monde pense que cette conjecture est vraie, et de plus, elle est largement confirmée par les expérimentations numériques. D'ailleurs, toutes les régions blanches de la figure 1 sont des composantes hyperboliques. Et grâce à la fonction ρ, nous pouvons écrire explicitement les équations du bord des deux composantes les plus grosses, W_1 et W_2. En écrivant explicitement les points fixes de P_c, ainsi que leur multiplicateur ρ, nous obtenons après remaniement $c = \rho/2 - \rho^2/4$. Donc en posant $\rho = e^{i\theta}$, l'équation du bord de W_1 est $c = e^{i\theta}/2 - e^{2i\theta}/4$. Nous voyons au passage que cette courbe est effectivement une cardioïde. De même, en écrivant explicitement les points fixes de $P_c^{[2]}$ autres que ceux de P_c, ainsi que leur multiplicateur, nous voyons que le bord de W_2 a pour équation $c = -1 + e^{i\theta}/4$: il s'agit donc du cercle de centre – 1 et de rayon 1/4. De toutes les composantes hyperboliques qui ressemblent à des disques, W_2 est la seule qui en soit un.

Un mini-Mandelbrot dans M.

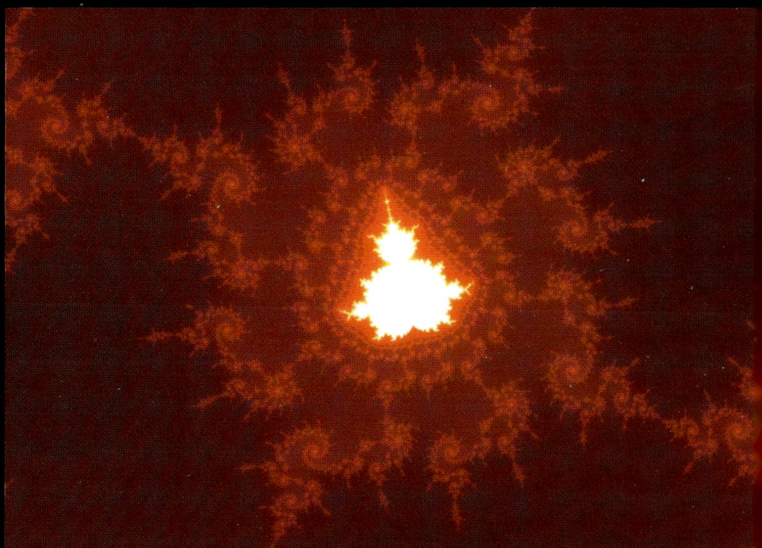

Détail de l'ensemble de Mandelbrot.

Le grand catalogue

Le temps de l'exploration est venu : partons donc à la découverte de *M*, cet ensemble fabuleux. Pour commencer, en voici une vue d'ensemble. Cette fois-ci, il a été représenté sur la figure 2, entouré de divers ensembles de Julia. Rappelons-nous bien qu'à chaque élément de *M*, ainsi d'ailleurs qu'à tout élément du plan des paramètres, correspond un plan dynamique dans lequel habite l'ensemble de Julia correspondant : nous avons simplement épinglé autour de *M* une portion de ces plans dynamiques contenant les ensembles de Julia. Chaque paramètre est matérialisé sur la figure par un petit carré blanc numéroté, et l'ensemble de Julia correspondant porte le même numéro. Maintenant, passons rapidement en revue les divers ensembles de Julia exposés. Ils sont tous représentés à la même échelle, et 0 est au centre de chaque cadre.

1° Le premier ressemble à celui qui était greffé dans le lapin, que nous voyons dans le coin inférieur gauche de la figure 6 de l'article précédent : ici, il y a un cycle attractif de période 11 qui n'est pas superattractif.

2° Nous reconnaissons le lapin. Il s'agit du centre de la composante qui le contient, et qui est donc de période 3.

3° Il s'agit de la greffe de K_{-1} dans le lapin : il est le centre de sa composante hyperbolique, qui est de période 6.

4° Cet ensemble de Julia est d'un type que nous n'avons pas exploré dans le précédent article. Ici, l'intérieur de K_c est vide, et donc $J_c = K_c$. Le paramètre correspondant est précisément sur le bord de *M*, et nous explorerons plus loin son voisinage dans *M*.

5° Encore une connaissance. Il s'agit à nouveau du centre de la composante connexe correspondante, qui est de période 6.

6° Sans commentaires.

7° Voilà encore un ensemble de Julia d'un type nouveau. Le paramètre correspondant est sur le bord de W_1 : il y a donc un point fixe indifférent. Nous n'entrerons pas dans les détails de cet ensemble, car cela nous emmenerait trop loin. Simplement, signalons qu'il présente un disque de Siegel.

8° Tous les ensembles de Julia précédents sont connexes. Ici, manifestement, ce n'est pas le cas. Alors, il est totalement discontinu. Nous voyons bien qu'il est constitué de petits groupes disjoints. Ce qui n'est pas évident, c'est que les paquets eux-mêmes sont divisés en sous-paquets qui sont encore sous-divisés *ad infinitum*, et les points sont séparés les uns des autres. En outre, le paramètre correspondant n'est pas dans *M*.

9° À nouveau un ensemble de Julia totalement discontinu. Ici, cela semble moins clair que pour le précédent. En fait, le paramètre n'est pas dans *M*, mais il en est très proche. C'est pourquoi les points de son ensemble de Julia sont très proches les uns des autres, bien qu'ils

Figure 2

M accompagné d'un cortège d'ensembles de Julia.

soient tous séparés deux à deux.

10° Enfin, le dernier ensemble de Julia présente un cycle attractif de période 861. Il fait donc partie d'une composante hyperbolique de même période.

Application à allure polynomiale

Dans ces articles, nous nous sommes volontairement limités au cas des polynômes de degré deux. Mais pourquoi se restreindre ainsi ? D'abord parce que la dynamique des polynômes de degré deux est la plus simple des dynamiques compliquées, et que nous y découvrons une richesse insoupçonnée. Ensuite, étant donnée une fonction quelconque, sous certaines conditions, il est possible de la comparer à un polynôme, et cela permet de retrouver à des endroits surprenants, des comportements déjà rencontrés chez les polynômes, éventuellement de degré deux.

Par exemple, considérons une fonction qui n'est nullement un polynôme : $f(x) = -\cos(x)$. Sur l'intervalle [– 2, 2], le graphe de f ressemble beaucoup à une parabole. Nous aurions envie de dire qu'en temps que fonction, f ressemble à un polynôme de degré deux : nous dirons que f est **à allure polynomiale de degré deux**. Pour les suites d'itérés par f, le comportement général reproduit exactement celui de n'importe quel P_c avec $c \in]-3/4, 0[$, car pour ces valeurs, P_c admet un point fixe attractif de multiplicateur négatif. Et justement, il existe une et une seule valeur c_0 telle que le point fixe de P_{c_0} admette le même multiplicateur que le point fixe de f : ce polynôme P_{c_0} mimera le mieux la dynamique de f sur l'intervalle [– 2, 2].

Cette idée se généralise, et la théorie des applications à allure polynomiale se développe dans $\mathbb{C}$: évidemment, nous ne le ferons pas. Disons simplement qu'il existe des conjugaisons "sympathiques" entre les applications à allure polynomiale et les polynômes. Cette notion a l'air très abstraite, mais elle a des retombées concrètes inattendues de prime abord. À vrai dire, elle a été inventée pour ça. Reprenons l'exemple du polynôme P_{-1}. La fonction $f = P_{-1}^{[2]}$ admet deux points fixes superattractifs – 1 et 0. Sur son graphe, nous voyons bien que f est à allure polynomiale de degré deux autour de chacun de ces deux points. Cela permettrait, si nous ne l'avions déjà fait, de mener à bien l'étude locale de l'itération par f. Dans le cas général, si le polynôme $P_c^{[k]}$ admet un point fixe attractif, il est à allure polynomiale de degré deux autour de ce point fixe, et nous ramenons l'étude de ce polynôme de degré 2^k à celle d'un polynôme de degré deux qui lui est conjugué.

Détail d'une spirale de M avec ses mini-M.

Vers l'infini et au-delà

Et nous voilà partis vers de nouveaux horizons. La figure 3 nous servira de fil rouge lors de ce voyage. Tout d'abord, plantons le décor. Les trois images en bas à gauche de la figure représentent deux agrandissements successifs de M : chaque image est un agrandissement d'un facteur dix de la précédente, ou de manière équivalente, est l'agrandissement du petit carré au centre de la

précédente. Cela nous amène à une spirale que nous avons agrandie. Dans cette figure 3, toutes les copies de *M* sont repérées par un numéro : ce numéro est en fait la période de la composante connexe primitive qui a la forme d'une cardioïde dans chaque copie. En outre, tous les agrandissements ont des rapports différents.

Une spirale et ses agrandissements.

Étant donné un z_0 du plan dynamique, nous dirons qu'il est **prépériodique** s'il existe un entier l tel que $P_c^{[l]}(z_0)$

soit périodique, c'est-à-dire qu'après l itérations, z_0 tombe sur un cycle. Pour certains points du plan des paramètres, il arrive que le 0 du plan dynamique soit prépériodique : on les appelle des **points de Misiurewicz**. Le centre de la grande spirale de la figure 3 est un point de Misiurewicz : le dix-neuvième itéré de 0 par P_c est un point fixe. L'ensemble de Julia correspondant est le numéro 4 sur la figure 2.

Grâce à la théorie des applications à allure polynomiale, nous savons qu'il existe des petites copies de M dans lui-même : nous allons en voir plusieurs. Étant donné un point de Misiurewicz,

cette théorie prouve également qu'il existe une suite de telles copies qui tendent vers ce point : nous allons en exhiber deux différentes.

À peu près au milieu de la spirale, nous voyons déjà une petite copie de M, numérotée 22. Elle est agrandie dans le coin inférieur droit. Elle est nettement déformée, mais il ne faut pas se laisser surprendre : nous savons seulement qu'il existe un homéomorphisme de M dans une partie de lui-même. En fait, c'est mieux qu'un simple homéomorphisme, mais nous n'en dirons pas plus. Malgré cela, nous n'avons pas de contrôle précis de la déformation. Toutes les copies de M dans lui-même sont déformées : seulement la plupart du temps, la déformation est faible et ne se perçoit pas.

En montant le long de la hampe de la spirale, nous trouvons encore trois copies numérotées 24, 26 et 28. En regard figurent des agrandissements de ces copies. D'autre part, nous avons montré quatre copies dans la partie haute de la spirale. Les quatre du haut et leurs camarades du bas sont les débuts de deux suites de copies qui tendent vers le centre de la spirale, c'est-à-dire vers le point de Misiurewicz. L'emplacement des suivantes ne réserve aucune surprise et se déduit logiquement des précédentes.

Nous constatons tout d'abord que les périodes augmentent de deux en deux : cela est dû à la position du point de Misiurewicz dans M. Ensuite, elles rapetissent, ce qui ne se voit pas sur les agrandissements proposés. Enfin, elles tournent sur elles même. Les détails qui entourent les copies se transforment en longues branches qui s'enroulent. Ce phénomène est bien mis en évidence sur les copies numérotées 59 et 199.

Toujours à l'aide de ces deux copies, nous observons un dédoublement des branches par paliers successifs. À une certaine distance de la copie, les branches ont approximativement la même épaisseur. Survient alors un palier, au travers duquel l'épaisseur des branches diminue, cependant qu'autant de nouvelles branches apparaissent. Ainsi, sur la copie 199, nous comptons 16 branches qui émergent du cadre, puis elles se transforment en 32 branches, puis 64, etc. Ce phénomène de dédoublement est général et se reproduit dans d'autres circonstances : c'est une autre conséquence de la théorie des applications à allure polynomiale.

Maintenant, nous possédons suffisamment d'expérience pour dénicher des copies de M ailleurs, et nous voyons que les deux suites exhibées sont loin d'être les seules qui convergent vers le point de Misiurewicz. D'autre part, toutes les spirales aperçues lors de ces explorations sont autant de points de Misiurewicz, et pour chacun, le phénomène se reproduit. Nous sommes alors convaincus qu'il y a des copies de M partout. Ce résultat est équivalent à la conjecture concernant M' énoncée plus haut, et nous ne savons pas plus la démontrer.

La chirurgie facile

Parmi toutes les copies de M rencontrées, il y en a une sur laquelle nous pouvons nous attarder plus longuement. Considérons la composante hyperbolique W_{20} de période 20 située au bas de la spirale. Elle est encerclée de composantes plus petites, un peu comme celles qui entourent W_1. Là ne s'arrête pas l'analogie. Les périodes inscrites sur la figure montrent une structure étrangement familière : $10 = 2 \times 20, 60 = 3 \times 20$. Et bien justement, il s'agit là aussi d'une copie de M tout entier : la composante W_1 a pour image cette composante W_{20}, et les autres composantes autour de W_1 s'envoient sur celles autour de W_{20}. C'est un résultat général : toute composante hyperbolique, primitive ou pas, peut servir de base à une copie de M, comme c'est le cas ici.

Poussons l'analyse encore plus loin. Sur la figure 4-A, nous voyons l'ensemble de Julia J du centre de la composante W_{20} : il va nous servir de base. La figure 4-B représente l'ensemble de Julia du centre de la composante de période 40. Nous constatons qu'il est obtenu en greffant un ensemble K_{-1} dans la partie centrale de J. De même, les ensembles de Julia des figures 4-C et 4-D correspondent à des greffes du lapin et de son conjugué dans J. La figure 4-C correspond à la composante

Greffer en s'amusant, ou la chirurgie pour tous.

Voyagez dans M et vous trouverez M.

du haut, et la figure 4-D à celle du bas. Enfin, certains auront sans doute reconnu que *J* lui-même est la greffe dans K_{-1} de l'ensemble de Julia rempli qui ressemble au numéro 1 de la figure 2, mais avec un point périodique de période 10. Ainsi, il est possible d'inventer des greffes à l'aide des copies de *M* dans lui-même, et nous ne sommes limités que par notre imagination, et le bon vouloir de l'ordinateur.

Poupées gigognes

Quand nous disons que *M* se copie dans lui-même, il s'agit de l'ensemble complet, y compris tous ses filaments. Par exemple, sur les agrandissements de la figure 3, nous distinguons des détails en dentelle autour de chaque copie, mais aussi un halo plus foncé sur le bord : il correspond aux filaments du *M* de départ. D'ailleurs, nous allons chercher la copie dans la copie. Prenons par exemple la copie numéro 19. Elle est incluse dans *M*, donc si elle est une copie de *M*, il doit y avoir une copie d'elle même dans elle même.

Cette recherche est représentée sur la figure 5. La partie gauche de la figure peut s'interpréter de deux manières différentes : d'une part, il s'agit d'un détail de *M* ; d'autre part, au milieu de ce détail trône une reproduction de *M* dans ses moindres détails. Alors justement, parmi eux figure précisément ce détail. Faisons mentalement abstraction de toute la dentelle autour de la copie de *M* ; tout le cheminement qui avait conduit à cette copie, reproduisons-le sur elle-même : nous aboutissons à la partie droite de la figure. Sur cette partie, nous voyons exactement le détail cherché qui est une réplique assez fidèle du détail de gauche. Mais en plus, il est enserré dans toute cette dentelle que nous avions momentanément mise de côté. Et nous tombons à nouveau sur une copie de *M*. Comme il s'agit de la copie 19 dans la copie 19, c'est une composante de période 361 dans *M*.

Détail de M, et détail du détail.

Détail de M, le merveilleux.

D'autre part, nous voyons nettement que la reproduction du détail de gauche est plus épaisse que le reste. C'est le moment de se souvenir que toutes ces images montrent des points qui sont proches de la frontière de M. La distance à M étant fixée, cela signifie que les parties plus noires contiennent plus de points proches de M, ou encore que dans ces régions, il y a plus de frontière de M. Ce n'est pas tellement surprenant : en effet, il y a véritablement superposition de deux niveaux de détails. Naturellement, nous pourrions recommencer. Nous ne l'avons pas fait, car la superposition d'un troisième niveau de détail épaissit tellement la frontière qu'il devient impossible de distinguer quoi que ce soit.

Cet épaississement progressif laisse imaginer que la frontière de M est très " touffue ". Précisément, en 1991, Mitsuhiro Shishikura a démontré que la dimension de Hausdorff de la frontière de M est 2. Sans trop rentrer dans les détails, disons que la dimension de Hausdorff mesure en quelque sorte la rugosité d'une courbe ; que les courbes usuelles, dites lisses, ont pour dimension de Hausdorff 1 ; et que 2 est le maximum pour une courbe plane. Autrement dit, la frontière de M est vraiment très touffue, elle se replie beaucoup sur elle même.

Il reste encore beaucoup à dire sur M, et de nombreuses interrogations demeurent à son propos. Ces articles ont pour ambition de faire découvrir des ensembles extraordinaires, dont le moindre des attraits n'est pas leur fascinante qualité esthétique, qui éclaire la beauté mathématique sous un jour nouveau.

W. P.

Ensemble de Mandelbrot

Voyage au cœur de M

« Because this constant novelty, this set is not truly fractal by most definitions ; we may call it a borderline fractal, a limit fractal that contains many fractals. Compared to actual fractals, its structures are more numerous, its harmonies are richer, and its unespectedness is more unexpected. »
Benoît Mandelbrot

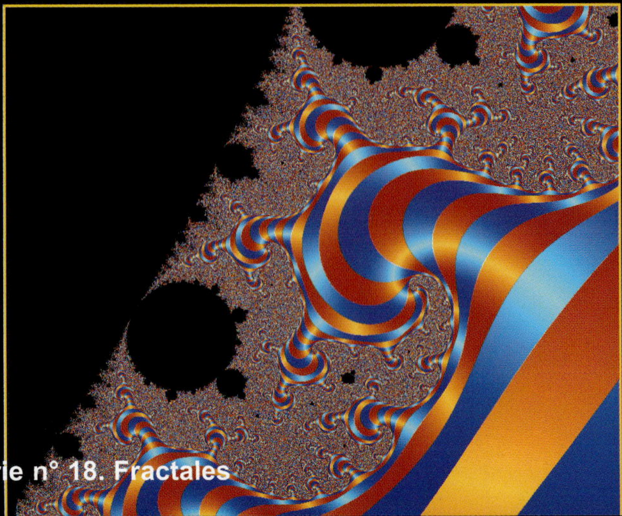

Un objet parfaitement beau comporte une parfaite simplicité.
Eugène Delacroix

Finalement, nous arrivons au paradis des mathématiciens : ce sont les problèmes qui, à force de réflexion, ont engendré des idées nouvelles qui, souvent, dépassent de façon incommensurable le problème qui leur a donné naissance.

Jean Dieudonné

Nous entendons souvent dire que les mathématiques consistent à « prouver des théorèmes ». Le travail d'un écrivain serait-il « d'écrire des phrases » ? L'œuvre d'un mathématicien est surtout un enchevêtrement de conjectures, d'analogies, de souhaits et de frustrations ; la démonstration, loin d'être le noyau de la découverte, n'est souvent que le moyen de s'assurer que notre esprit ne nous joue pas des tours.

Gian Carlo Rotta

Soit les mathématiques sont trop grandes pour l'esprit humain, soit l'esprit humain est plus qu'une machine.

Kurt Gödel

Les meilleurs travaux des mathématiciens sont de l'art, un art très perfectionné, défiant les rêves les plus secrets de l'imagination, clairs et limpides. Le génie mathématique et le génie artistique se touchent l'un l'autre.

Gosta Mittag-Leffler

Les mathématiques ne sont pas une marche
tranquille sur un autoroute dégagé,
mais un voyage dans un désert étrange,
où les explorateurs sont souvent perdus.

W. S. Anglin

Je compterai toujours, pour ma part,
au nombre des heures les plus douces,
les plus heureuses de ma vie, celles où j'ai pu
saisir dans l'espace et étudier sans trêve
quelques-uns de ces êtres géométriques qui
flottent en quelque sorte autour de nous.
Gaston Darboux

C'est ainsi que la beauté se déploie en mathématiques comme dans les autres sciences, comme dans les arts, comme dans la vie et comme dans la nature. Parfois comparable à celle de la musique pure, de la grande peinture ou de la poésie, les émotions qu'elle éveille sont le plus souvent d'une nature différente, qui ne peut guère se comprendre lorsqu'on n'en a pas ressenti en soi-même l'illumination

F. Le Lionnais

Le mathématicien est un oiselier capturant dans une volière des oiseaux aux brillantes couleurs.

Platon

En mathématiques, les noms sont arbitraires. Libre à chacun d'appeler un opérateur auto-adjoint un « éléphant » et une décomposition spectrale une « trompe ». On peut alors démontrer un théorème suivant lequel « tout éléphant à une trompe ». Mais on n'a pas le droit de laisser croire que ce résultat a quelque chose à voir avec de gros animaux gris.

Gerald Sussman

Il s'agit de retrouver par-delà les activités a priori si différentes du savant et de l'artiste, une origine commune.

René Thom

Les formes du mathématicien, comme celles du peintre ou du poète, doivent être belles ; les idées, comme les couleurs ou les mots, doivent s'ajuster harmonieusement. La beauté est le critère premier : il n'y a pas de place durable dans le monde pour des mathématiques laides.

G. H. Hardy

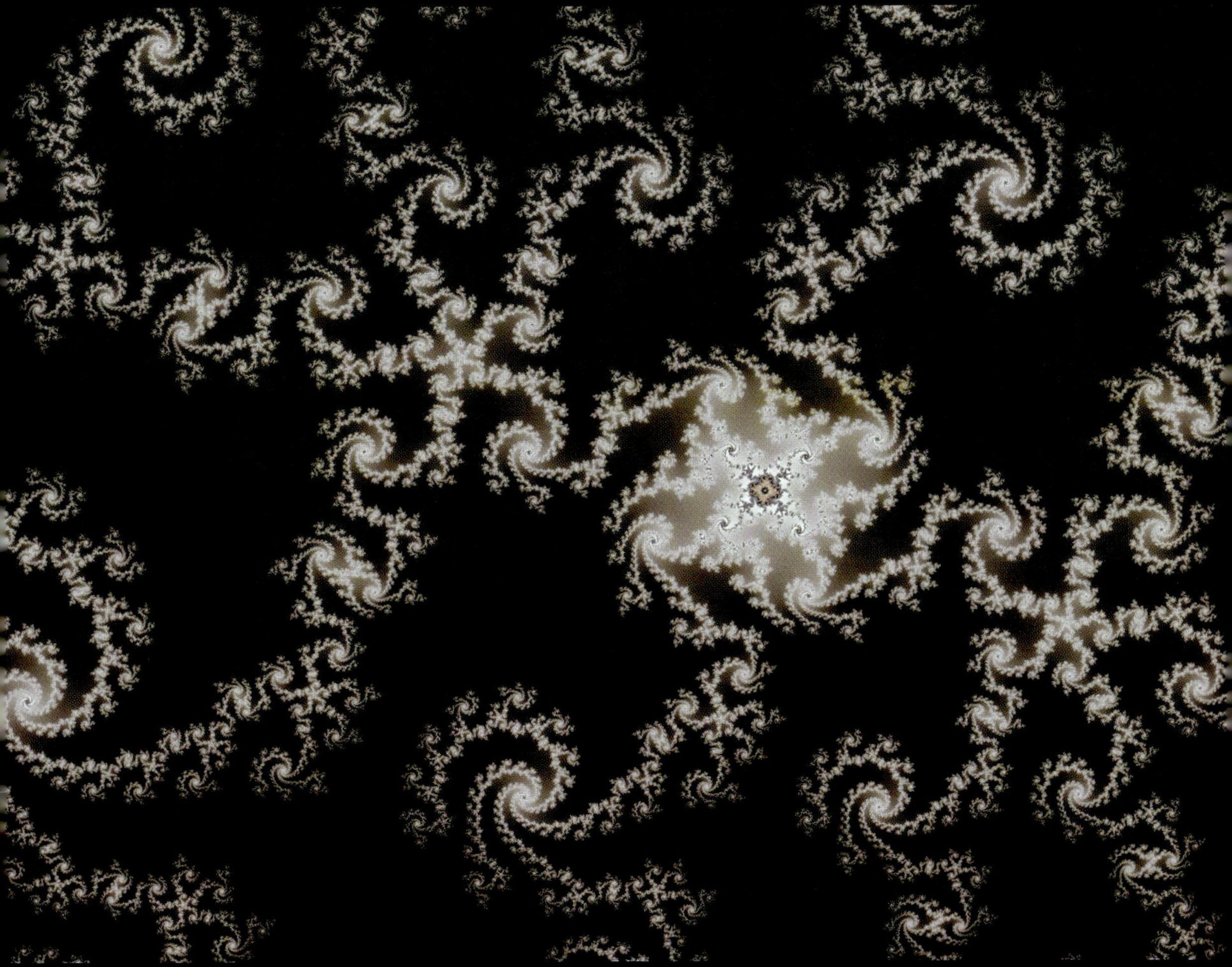

Les images des ensembles de Julia et de Mandelbrot sont stupéfiantes de complexité et de diversité. Malgré cela, je n'accepte pas l'assertion que l'ensemble de Mandelbrot soit l'objet mathématique le plus complexe jamais vu ! Ce genre d'exagération peut fasciner les lecteurs de magazines, mais il sonne faux pour l'expert mathématicien.

S. G Krantz

 par Michel Criton

Problèmes fractals

1 - Un carré à remplir ✔

On a construit les étapes 1, 2 et 3 d'une courbe qui remplit un carré.
Construisez les deux étapes suivantes.

Source des problèmes

• *Fractals Everywhere*, Michael F. Barnsley, Academic Press (HS1801, HS1804)
• *Les mathématiques et l'Imagination*, Edward Kasner, James Newman, Editions Payot (HS1802, HS1803)
•*Championnat des Jeux Mathématiques et Logiques* (HS1805, HS1806)

Niveau de difficulté :
❍ très facile ;
✔ facile ;
✔✔ pas facile ;
✔✔✔ difficile ;
✔✔✔✔ très difficile.

2 - Le cristal de neige ✔✔

Les cinq dessins montrent les cinq premières étapes de la construction du cristal de neige de Van Koch. **Le périmètre et l'aire de la suite de figures convergent-ils ? Si oui, vers quelle valeur (en supposant que le triangle de la figure 1 a un côté mesurant 1 dm) ?**

3 - L'anti-cristal de neige ✔✔

Les cinq dessins montrent les cinq premières étapes de la construction de l'anticristal de neige de Van Koch. **Le périmètre et l'aire de la suite de figures convergent-ils ? Si oui, vers quelle valeur (en supposant que le triangle de la figure 1 a un côté mesurant 1 dm) ?**

4- L'ensemble mystérieux ✔✔

On itère la "fonction" qui transforme l'ensemble des points rouges de la figure 1 en l'ensemble des points rouges de la figure 2. **Vers quel ensemble va-t-on converger ?**

Solutions page 152

5- Vie et mort d'un dragon ✔✔✔

Les dessins ci-contre montrent l'évolution d'un dragon les cinq premiers jours de son existence. On appelle nœud du dragon toute partie du corps ayant l'une des formes :

Ainsi, le 5e jour, le dragon possède 3 nœuds. Le dragon mourra dès qu'il possèdera plus de 1991 nœuds. **Combien de jours le dragon aura-t-il vécu (y compris le jour de sa mort) ?**

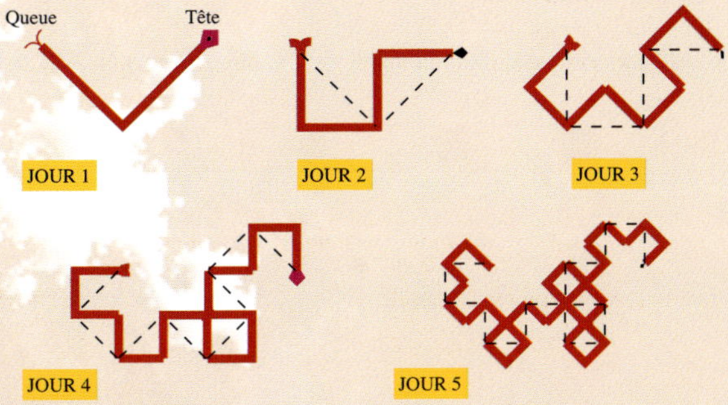

Solutions

Problèmes fractals (p. 150)

1801 -

4

5

1802 - Le périmètre de la figure n ($n \geqslant 3$) s'écrit :
$3 + 1 + 4/3 + (4/3)^2 + ... + (4/3)^{n-2}$.
Cette série est divergente.
L'aire du cristal numéro n ($n \geqslant 2$) s'écrit :

$$\frac{\sqrt{3}}{4} + \frac{1}{4\sqrt{3}}\,[1 + 4/9 + ... + (4/9)^n].$$

Cette série converge vers $\frac{2\sqrt{3}}{5}$, soit environ 0,6928 dm^2.

1803 - Le périmètre de la figure n ($n \geqslant 3$) s'écrit :
$3 + 1 + 4/3 + (4/3)^2 + ... + (4/3)^{n-2}$.
Cette série est divergente.
L'aire de l'anticristal numéro n ($n \geqslant 3$) s'écrit :

$$\frac{\sqrt{3}}{4} - \frac{1}{4\sqrt{3}}\,[1 + 4/9 + ... + (4/9)^n].$$

Cette série converge vers $\frac{\sqrt{3}}{10}$, soit environ 0,1732 dm^2.

1804 -

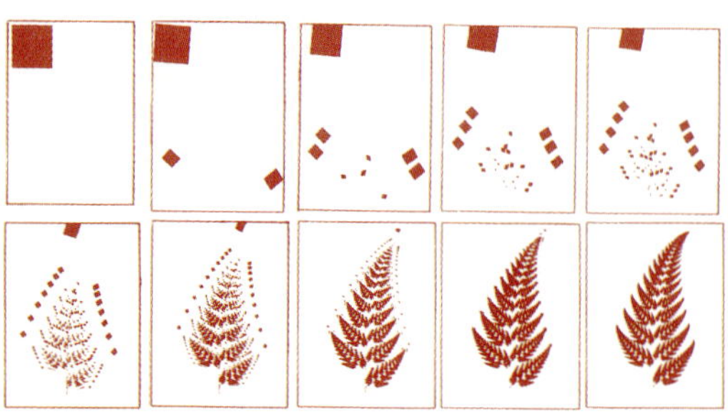

9505 - À chaque étape, codons le dragon de la façon suivante : 1 pour un virage à gauche ; 0 pour un virage à droite.
Les premiers jours de la vie du dragon nous donnent donc :

jour 1 : 1 : 0 nœud
jour 2 : 110 : 0 nœud
jour 3 : 1101100 : 0 nœud
jour 4 : 110110011100100 : 1 nœud
jour 5 :
1101100111001001110110001100100 : 3 nœuds

Ces codes obéissent à la règle de formation suivante :

jour n $(a_1\, a_2\, ...\, a_n)$ $\mapsto$
jour $n + 1$ $(a_1\, a_2\, ...\, a_n\, 1\, \bar{a}_n\, ...\, \bar{a}_2\, \bar{a}_1)$
où $\bar{a}_k$ désigne le complément à 1 de a_k.

On peut d'ailleurs expliquer cette règle de la façon suivante : à chaque étape, on duplique le dragon, puis on "déplie" les deux duplicatas à partir de la tête, donc avec un virage à gauche (codé 1), les virages de la nouvelle partie dépliée étant dans le sens opposé de ceux des virages de l'ancienne, et rangés dans l'ordre inverse.
Dès que deux "0" consécutifs apparaissent à la fin du code du dragon, le jour suivant, un nouveau nœud apparaît, les nœuds déjà existants étant par ailleurs dupliqués, comme le corps du dragon.
Si au jour n, le dragon possède k noeuds ($k \geqslant 0$), au jour $n + 1$, il en possède $2k + 1$.
Le premier nœud apparaît le 4e jour. On a donc ensuite :

jour 4 :1 nœud,
jour 5 : 3 nœuds,
jour 6 : 7 nœuds,
jour 7 : 15 nœuds,
jour 8 : 31 nœuds,
jour 9 : 63 nœuds,
jour 10 : 127 nœuds,
jour 11 : 255 nœuds,
jour 12 : 511 nœuds,
jour 13 : 1023 nœuds,
jour 14 : 2048 nœuds

Le dragon mourra donc le 14e jour de son existence.

n° 68
Les éclipses

n° 74
La référence des Jeux mathématiques

n° 77
Les statistiques

n° 84
Payons-nous trop d'impôts ?

• Tangente, c'est déjà plus de **90 numéros** et **16 hors-séries**, soit près de 6000 pages de lecture et de culture mathématiques.
• Vous pouvez consulter l'index des articles parus sur le site internet **www.Tangente-mag.com/**. Tous les numéros sont encore disponibles, à l'exception des **1, 2, 3, 5, 7, 8, 9, 10, 12, 13, 14, 19, 28, 37, 38, 47, 58, 59, 60, 61, 62, 63, 66, 69, 70, 72, 73, 75** épuisés. **Numéros doubles :** Les numéros **51–52, 64–65, 69-70** constituent des numéros doubles indissociables.

codif : POLE **HS 18**

BON DE COMMANDE À RETOURNER À
Tangente - BP 10214- 95106 Argenteuil cedex

N'OUBLIEZ PAS DE REMPLIR AU VERSO NOM, COORDONNÉES ET MOYEN DE PAIEMENT

Numéros anciens et spéciaux de Tangente

❐ N° 68 : Les éclipses 7,32 €
❐ N° 74 : Jeux mathématiques 6,40 €
❐ N° 77 : Statistiques 4,75 €
❐ N° 84 : Maths électorales 4,75 €
❐ N° 79 + N° 80 + Tangente éduc. Spécial TPE 1ère et Tale S 11,50 € (abonnés 9,15 €)
❐ **Collection de 60 numéros entre 1 et 73 : 149 €** (port compris)
❐ **Autres (entre 75 et 97) : indiquez les n^os dans le cadre 4,75 € pièce, 18,30 € les 5 ou 35 € les 10**

Numéros hors-séries simples de Tangente : 6,40 €

❐ Les probabilités (HS 17)
❐ Maths pour littéraires (HS16)
❐ La logique (HS15)
❐ Maths et Architecture (HS14)
❐ L'infini (HS13)
❐ Les graphes (HS12)
❐ Maths et musique (HS11)

Numéros anciens et spéciaux de Tangente-Jeux Démineur & Compagnie

❐ **Anciens numéros de Tangente-Jeux (entre 1 et 5) : 4 € pièce, 14 € les 4** ....
❐ **Collection Démineur & Compagnie 1 à 6 : 18,50 €** (port compris)

Numéros anciens et hors-séries de Tangente-sup (Sciences & Info Prépas)

❐ **Anciens numéros de Tangente-sup (entre 1 et 22) : 5 € pièce 18,50 € les 4** ....
❐ Transformations et fonctions 14,50 €
❐ Composition-décomposition 11,50 €
❐ Noyau atomique 11,50 €
❐ Contrôle et optimisation 11,50 €

Livres et logiciels

❐ CD-rom Zoo Logique : 22 €
❐ CD-rom Cosmos Logique : 22 €

Montant de la commande à reporter au verso de ce bulletin :

M. F. Barnsley, Fractals everywhere, Academic Press, 1988.

G. Cantor, Über unendliche, lineare Punktlannigfaltigkeiten, Mathematische Annalen, vol. 21, pp. 545--591 (1883).

R. Ferréol, F. Casiro, Olympiades & Concours général, Pb. 1987 C. G., p. 162-182, Éditions du Choix, 1992.

I. Girerd-Potin, O. Taramasco La théorie du chaos et la prévision des rentabilités boursières, Analyse financière n°103, juin 1995

D. Hilbert, Über die stetige Abbildung einer Linie auf ein Flächenstück, Mathematische Annalen, vol. 38, pp. 459--460 (1891).

H. von Koch, Sur une courbe continue sans tangente, obtenue par une construction géométrique élémentaire, Arkiv för Matematik, vol. 1, pp. 681--704 (1904).

M. Laguës et A. Lesne, Invariances d'échelle, Collection <<Échelles>>, Belin (2003).

H.Lauwerier, Fractals, Images of Chaos, Penguin (1987)

B. Mandelbrot, How long is the coast of Britain? Statistical similarity and fractional dimension, Science vol. 155, pp. 636--638 (1967).

B. Mandelbrot, Les objets fractals, Flammarion, 4éme édition, 1995.

B. Mandelbrot, Fractals, hasard et finance, Champs Flammarion.

B. Mandelbrot, The fractal geometry of Nature, Freeman, San Francisco (1982).

W. Payet, Un aperçu de la dynamique des polynômes quadratiques, Quadrature n° 13.

W. Payet, Dynamique et poussière, Quadrature n° 14.

W. Payet, Visite au bestiaire, Quadrature n° 15, 1993

W. Payet, Un potentiel inhabituel, Quadrature n° 17.

H.-O. Peitgen, P.H. Richter, The Beauty of Fractals, Springer-Verlag, 1986.

H.-O. Peitgen, H. Jürgens et D. Saupe, Chaos and Fractals, New Frontiers of Science de Springer-Verlag, 1992.

H.-O. Peitgen, D. Saupe, The Science of Fractal Images, Springer-Verlag, 1988.

J. Perrin, Les Atomes, Champs Flammarion. Réédition de l'édition originale de 1913, publiée aux Éditions Felix Alcan.

P. Prusinkiewicz et A. Lindenmayer The Algorithmic beauty of plants, Springer-Verlag, 1990.

P. Prusinkiewicz et J. Hanan Lindenmayer Systems, Fractals, and Plants, Springer Verlag, 1992.

W. Sierpinski, Sur une courbe cantorienne dont tout point est un point de ramification, C.R. Acad. Sci. Paris, vol. 160, p. 302 (1915).

Tangente hors-série n°3, Les systèmes dynamiques, 1996 (épuisé).

C. Walter, L'utilisation des lois Levy-stables en finance : une solution posible au problème posé par les discontinuités des trajectoires boursières, Bulletin de l'Institut des Actuaires Français, n° 349 et 350, 1991

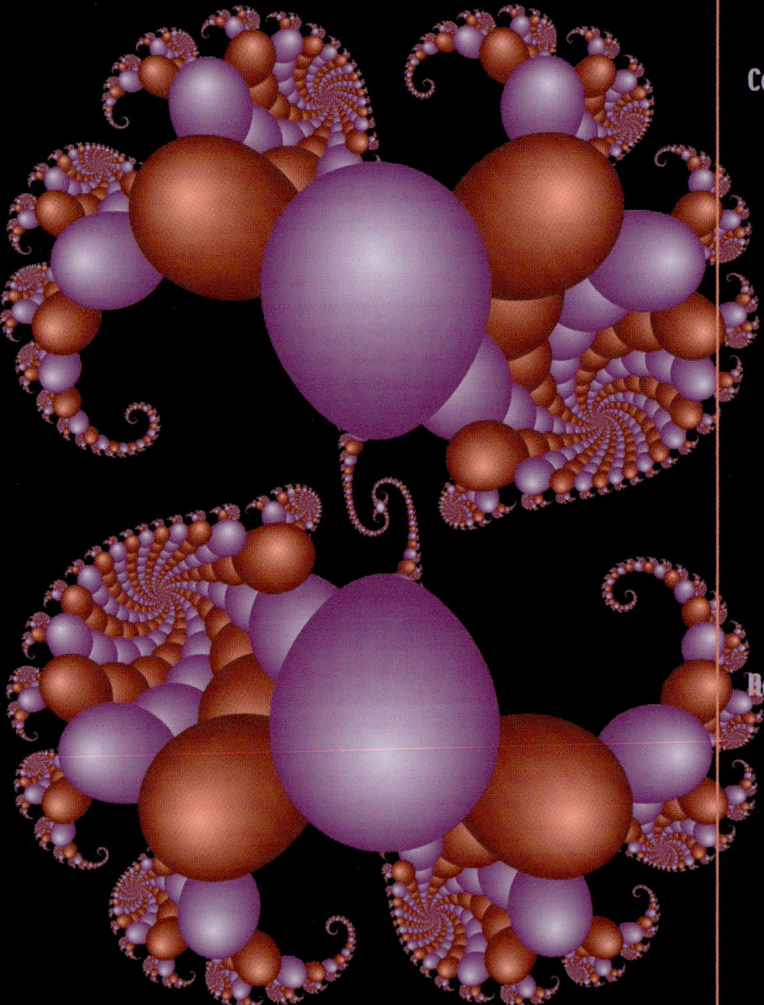

Tangente

Publié par Les Éditions POLE
SAS au capital de 40 000 euros
Siège social : 80 bd Saint-Michel
75006 Paris
Commission paritaire : 1006 K 80883
Dépôt légal à parution

Ce numéro de Tangente a été imprimé
Z. I. Croix de Metz, Route de Villiers,
St Étienne
54200 Toul par BERGER-LEVRAULT
Imprimeur

Achevé d'imprimer pour le compte des Éditions POLE
sur les presses de l'imprimerie Louis Jean, 05000 Gap
Dépot légal 142 - Mars 2004